TAIHULIUYU
HUANJING ZONGHE ZHUANGKUANG
JI YANBIAN QUSHI

太湖流域环境综合状况及演变趋势

卢少勇　等编著

化学工业出版社

·北京·

全书共分5章，首先分析了太湖的地理、气候、植被、土壤和水系等特征；然后主要介绍了太湖流域分区及其污染特征，太湖流域土地利用、社会经济、产业结构调查及结果，以及污染源调查技术路线、工业源排放量与入河量、城镇生活源排放量与入河量、农村生活源排放量与入河量、种植业源排放量与入河量、畜禽养殖业源排放量与入河量及其他源排放量与入河量等；最后介绍了太湖流域生态圈层概述、河网水生态特征分析、湖荡水生态特征分析、水源涵养林生态特征分析、湖滨缓冲带水生态状况及演变趋势分析，以及太湖水体水生态状况及演变趋势分析等。

本书具有较强的知识性和针对性，可供从事流域环境污染综合调查、污染控制等领域的工程技术人员、科研人员和管理人员参考，也可供高等学校环境工程、生态工程、市政工程及相关专业师生参阅。

图书在版编目（CIP）数据

太湖流域环境综合状况及演变趋势/卢少勇等编著.
—北京：化学工业出版社，2019.6
ISBN 978-7-122-34172-3

Ⅰ.①太… Ⅱ.①卢… Ⅲ.①太湖-流域-生态环境-研究 Ⅳ.①X524

中国版本图书馆 CIP 数据核字（2019）第 054964 号

责任编辑：刘兴春 刘兰妹
责任校对：宋 玮 装帧设计：韩 飞

出版发行：化学工业出版社（北京市东城区青年湖南街 13 号 邮政编码 100011）
印 装：北京虎彩文化传播有限公司
710mm×1000mm 1/16 印张 11 彩插 4 字数 151 千字 2019 年 9 月北京
第 1 版第 1 次印刷

购书咨询：010-64518888 售后服务：010-64518899
网 址：http://www.cip.com.cn
凡购买本书，如有缺损质量问题，本社销售中心负责调换。

定 价：85.00 元

前言
PREFACE

太湖位于长江"黄金水道"南缘，横跨江苏、浙江两省，为我国第三大淡水湖。流域河道总长约 12×10^4 km，河道密度达 3.25km/km²，出入太湖河流 228 条，河流纵横交错，湖泊星罗棋布，是我国河道密度最大的地区，也是我国著名的平原水网地区。太湖流域作为我国经济社会发展速度最快的区域之一，生态系统发生了较大的变化，经济社会发展与水环境保护之间的矛盾日益突出，如何正确认识太湖的水污染问题及其面临的严峻形势，对于加快太湖水环境改善及保障水环境安全具有重要意义。

太湖的富营养水平总体加剧，由 20 世纪 60 年代贫营养状态变为 1981 年中营养状态，2007 年，太湖流域已转变为中度富营养，富营养化面积占 75% 以上。东太湖、洮湖和滆湖等湖泊的沼泽化也较严重，有的已形成草型湖泊，湖泊水生态系统退化严重。2007 年 5 月，太湖藻华大规模暴发，导致贡湖水源地水质急剧恶化，引发无锡市供水危机，使当地政府和民众对湖泊富营养化和藻华、黑水团等问题空前关注。国家和政府直面太湖水污染，全力开展科学研究与水体污染治理工作。

本书在国家水专项"太湖富营养化治理与综合控制技术及工程示范项目""太湖流域环境综合调查与湖泊蓝藻水华控制系统方案研究""太湖流域环境综合调查与水污染特征及趋势研究"（2008ZX07101-001-01）子课题的研究成果的基础上编著而成，系统梳理了太湖的社会经济、水环境和水生态的状况，根据太湖流域污染情况，将太湖流域分为 5 个污染控制区，开展了太湖流域环境综合调查。

本书共 5 章，首先介绍了太湖流域概况，分析了太湖的地理、气候、植被、土壤和水系等特征；其次是对太湖流域水体、污染源特征、污染源排放及经济社会发展分析；最后是太湖流域生态圈层状况及演变趋势分析。全书从太湖流域水环境质量现状、流域土地利用、社会经济、产业结构、污染源状况、流域生态圈层状况及演变趋势分析等多角度，全面把握太湖流域污染源对太湖水体富营养化的贡献及流域社会经济发展模式对水环境的影响，完善太湖流域污染综合调查信息数据库；为太湖流域富营养控制提供良好的参考依据和技术支撑。

本书是卢少勇及其研究团队集体智慧的结晶，科研团队成员在卢少勇研究员的指导下，凭着对我国水环境保护与治理研究的经验与热情，以及对太湖流域水环境的责任心，完成了本书的编著工作。具体编著分工如下：中国环境科学研究院卢少勇、余辉、万正芬、牛远、周俊丽、国晓春承担了本书大部分编著工作；河海大学的王鹏编著了城镇生活源、农村生活源和船舶污染源的调查与分析，逄勇编著了入河量、入湖量计算部分；中国科学研究院水生生物研究所的徐军编著了湖荡和水源涵养林调查部分；中国科学院地理科学与资源研究所吴锋编著了土地利用调查部分；江苏省环境科学研究院张磊、浙江省环境科学研究院徐鹏炜编著了社会经济调查等部分。

2007 年以来，通过科学家、多级政府的共同努力，科技专项的科技支撑作用与地方的工程结合，太湖的水质有了较好的改善，TN 浓度有了较明显的降低，流域生态环境得到了一定改善。随着太湖流域经济社会发展，污染源构成逐步由原来的农业源转变为农业源和生活源，超标因子也逐步由 COD 和 NH_4^+-N、TP 转变为 TN；同时，随着太湖流域通信设备、计算机及其他电子设备制造业、金属制品业、化学原料及化学制品制造业、纺织业等高污染、高耗能行业发展，重金属及有毒有机等污染开始凸显。由于缺少近年来工业行业分布及工业废水污染物排放的调查等，因此本书仍然有很多有待完善和深入研究的地方。希望本书的出版能够帮助太湖流域水环境水生态的改善，为我国 "十三五" 以及更长时间的太湖保护与污染防治提供支持。

限于编著者时间及水平，书中不足及疏漏之处在所难免，敬请读者提出修改建议。

编著者

2019 年 1 月

目录
CONTENTS

参考文献

第1章

太湖及太湖流域简介

1.1 太湖简介

太湖古名震泽，又名笠泽、具区和五湖。其湖域介于 30°55′40″~31°32′58″N、119°52′32″~120°36′10″E 之间。湖盆的地势是由东向西倾斜，呈浅碟形。据 1984 年测量结果，湖泊面积 2427.8km²，湖中岛屿 51 个，总面积 89.7km²，实际水面面积为 2338.1km²，湖岸线总长 405km（金相灿等，1999）。太湖主要补给水源为天目山、界岭和茅山东麓诸水。太湖平均水深 1.9m，最大水深不足 2.6m（秦伯强，2004），是典型的浅水型湖泊。太湖多年平均水位为 3.00~3.12m，历年最高水位为 4.73~4.98m，最低水位为 1.76~2.25m，1954 年发生流域性洪水，最高水位达 4.98m（望亭站）。太湖是我国五大淡水湖（鄱阳湖、洞庭湖、太湖、洪泽湖和巢湖）之一，为我国第三大淡水湖，也是我国"九五"以来确定的"三湖"（太湖、巢湖和滇池）之一（余辉，2011；杨苏文，2015；张雷，2013；张婷，2010）。太湖湖泊面积、蓄水量及流域面积居我国五大淡水湖之三（云南大理白族自治州，2016；金斌松，2012；黄代中，2013；叶正伟，2010；任艳芹，2011）。

我国五大淡水湖及"新老三湖"特征比较见表 1-1。

表 1-1　我国五大淡水湖及"新老三湖"特征比较

项目	鄱阳湖	洞庭湖	太湖	洪泽湖	巢湖	滇池	丹江口水库	白洋淀	洱海
湖泊面积/km²	2933	2691	2338.1	1597	760	298.4	—	366	251.32
平均水深/m	5.1	6.39	1.89	1.77	3	—	—	—	10.8
蓄水量/10⁸m³	320	167	44.28	27.9	20.7	15	408.5	—	29.59
流域面积/km²	162000	257000	36895	18090	13486	2920	95000	31205	2565

从地域上看，太湖的北界和西界分别为无锡市、常州市、武进区（属于常州市）、宜兴市（属于无锡市），东及东南为苏州市、吴江区（属于苏州市），南为浙江省的湖州市长兴县、吴兴区、南浔区。

业界对太湖如何形成尚有争议，主要有构造成湖论、潟湖成因说、陨石冲击坑说等。中国科学研究院南京地理与湖泊研究所研究认为，太湖的底部及整个太湖平原湖泊底部全部是黄土层硬底，湖水直接覆盖在黄土之上，未发现海相化石及海相沉积物；相反，却发现大量的古代人类生活的文化遗址，因而太湖不属于构造成因的湖泊。同时，太湖平原除东部上海地区和南部嘉兴以南地区曾受全新世海侵外，整个中部广大湖荡平原区并未受海水侵袭，因此不存在潟湖成因。关于陨石冲击坑说，如果湖泊是陨石冲击而成，湖底会保存有撞击坑的痕迹，而太湖湖底十分平坦，平均坡度仅 19.66″，且湖中尚分布有 51 个岛屿，在平坦湖底上至今尚保存有完好的河道，自西向东穿过。

因此，太湖的形成最后主要归结为两方面原因：一方面是气候变化引起的洪涝灾害；另一方面是泥沙淤积、人类围垦，引起河道宣泄不畅。太湖是在原河道基础上，因洪泛而扩展成湖，与长江中下游其他湖泊（如洪泽湖、鄱阳湖等）基本相同。

1.2 太湖流域简介

1.2.1 自然环境概况

太湖流域北抵长江、东临东海、南涉钱塘江、西以天目山、茅山为界,是我国著名的平原河网区(叶建春,2015)。太湖流域自然条件优越,物产丰富,交通便利,是历史上著名的富庶之地,有"上有天堂,下有苏杭"之美誉。

目前太湖流域面积 36895km²,占全国面积的 0.4%,行政区划分属江苏省、浙江省、上海市和安徽省,其中,江苏部分的面积为19399km²,占 52.6%,包括无锡、苏州、常州及丹阳市;浙江部分的面积为 12093km²,占 32.8%,包括嘉兴、湖州两市全部及杭州市的一部分;上海部分的面积为 5178km²,占 14%,包括除崇明县以外的区域;安徽部分的面积为 225km²,占 0.6%。

本书中以"十一五"时期国家水专项"太湖流域环境综合调查与水污染特征及趋势研究"子课题调查分析数据为依托,并结合"十二五"国家水专项"水陆交错带水生植被重建工程技术研究与示范"子课题的部分研究成果,分析了太湖流域近 10 年来的环境综合状况。"十一五"水专项主要从汇水角度考虑,太湖流域研究区域面积30080km²,江苏省内包括南京市高淳县,镇江市句容市、丹阳市、丹徒区,常州市区、武进区、溧阳市、金坛市、无锡市区、江阴市、宜兴市、苏州市区、常熟市、张家港市、昆山市、太仓市、吴江市的行政区域,面积 17177km²,城镇化率达 73%。浙江省太湖流域跨湖州市,嘉兴市,杭州市主城区、余杭区及临安市(不含钱塘江流域部分),面积 12562km²。太湖流域跨上海市青浦区,包括练塘镇、朱家角镇和金泽镇,面积 341km²。全流域平均每人仅占有土地 1.68 亩(1亩≈666.67m²,下同),土地利用程度很高。

太湖流域本是举世闻名的"鱼米之乡",但随着近 30 年来经济高速发展,产生的污染物大量直接排放,湖水受到了严重污染,加之工业、农业、居民生活等用水量大幅增加,现已成为一个水质型、工程型和资源型缺水地区,流域水污染已在一定程度上制约了流域社会经济的可持续发展。太湖自 20 世纪 90 年代以来几乎每年发生不同程度的藻华。2007 年 5 月底，太湖蓝藻大规模爆发（见图 1-1），无锡市水源地水质污染，发生供水危机，严重影响了当地百万群众正常生活，造成较大的社会影响。据不完全统计，太湖流域每年因水污染造成的经济损失约 50 亿元，相当于 1991 年洪水损失的 50%。

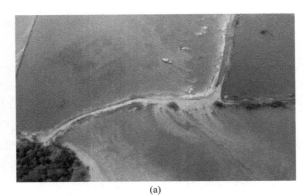

(a)

(b)

图 1-1　2007 年太湖蓝藻爆发

1.2.2　重要地位

　　太湖流域是我国人口密度最大、工农业生产发达、国内生产总值和人均收入增长最快的地区之一，其经济总量在全国举足轻重。"苏南模式""无锡模式"等引领国内经济发展。根据

《长江三角洲城市群发展规划》，太湖流域是长三角城市群主要集中区，以上海都市圈为核心，已初步形成南京都市圈、杭州都市圈、苏锡常都市圈和宁波都市圈的多中心格局，带动整个区域城市发展。南京都市圈是全国科教、创新与先进制造业基地之一；苏锡常都市圈是国际制造业基地、中国先进制造业和创新基地；杭州都市圈是长江三角洲南翼的中心区域，是国际旅游服务中心和以高科技为龙头的国家先进制造业基地，这些中心的形成对长三角城市群的发展起到了至关重要的作用。

长江三角洲为一核九带；其中上海为核，环湖带即指环太湖带，为九带之一。太湖流域的发展定位为：坚持生态优先原则，以保护太湖及其沿岸生态环境为前提，严格控制土地开发规模和强度，优化产业布局，适度发展旅游观光、休闲度假、会展、研发等服务业和特色生态农业，成为全国重要的旅游休闲带、区域会展中心和研发基地。

太湖流域的土地面积仅占全国的 0.4%，人均 GDP 和城镇化率远高于全国平均水平。随着城镇化快速推进，城市面积不断扩大，城镇人口急剧增加，其中，建成区面积从 1995 年的 2206.8km^2 扩张至 2010 年的 9476.4km^2，增长了 3.3 倍。2001～2015 年，太湖流域人口由 3670 万人增加到 6080 万人，年均增长率达 4.4%（见图 1-2）。2015 年，单位面积人口密度为 1648 人/km^2，人口密度为全国平均人口密度的 11.5 倍。城镇化发展迅速，城镇化率从 1990 年的 47.2% 急剧上升到 2013 年的 78.4%，超出全国平均水平 25%。流域经济发展迅速，2015 年流域生产总值为 2000 年的 5.96 倍，单位国土面积经济收益为全国平均的 25.6 倍（《太湖健康状况报告》）。

太湖流域交通发达，沪宁、沪杭铁路贯穿全流域，随着社会经济的发展，城镇建设不断加快，目前已经形成了由特大、大、中、小城市，以及建制镇等组成的城镇体系，初步形成了以特大城市上海市为中心的城市群体。流域内工业门类齐全，生产水平高、规模大。冶金钢铁、石油化工、机械电子、轻纺、

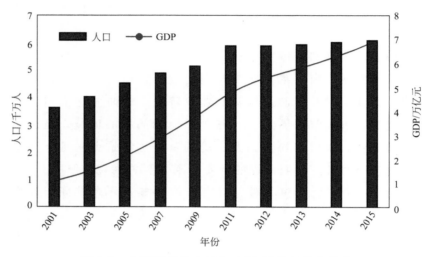

图 1-2　太湖流域总人口与 GDP 的多年变化规律

医药及食品等工业在全国举足轻重。流域内农业生产广泛采用新技术，集约化程度不断提高。流域以第二、第三产业为主，特别是电力、纺织、化工、冶金、电子信息等制造加工业及服务行业，新时期下资源密集型产业不断向技术密集型产业转移。

　　根据《长江三角洲地区区域规划（2009—2020 年）》，沿湖发展以保护太湖及其沿岸生态环境为前提，以成为全国重要的旅游休闲带、区域会展中心和研发基地为目标，严格控制开发规模与强度，提高发展效率。上海市中心城区以现代服务业为主，郊区以先进制造业、高新技术产业和现代农业为重点，旨在成为具有国际影响力和竞争力的大都市。常州、无锡确立以新能源、新材料、节能环保、电子信息、生物医药等为主的战略新兴产业，调整、优化产业结构。湖州也在大力支持高新技术产业发展。镇江以装备制造、精细化工、新材料、新能源、电子信息为发展核心。苏州以高技术产业基地、现代服务业为重点发展对象。杭州市充分发挥山水旅游资源，建设高技术产业基地和国际重要旅游休闲中心，形成杭州都市圈。

　　太湖流域地理位置优越，经济与科技实力强，交通、通信、公用设施、商业、服务业、金融业等条件良好，自然风光、历史古迹等旅游资源丰富，发展前景十分诱人。

1.2.3 地质地貌

太湖流域西部山地、东部平原的地貌基本轮廓，在燕山运动时期已奠定。太湖流域地形呈周边高、中间低的碟形；其西部为山区，属天目山及茅山山区的一部分，中间为平原河网和以太湖为中心的洼地及湖泊，北、东、南周边受长江和杭州湾泥沙堆积影响，地势高亢，形成碟边（秦伯强，2004），最高峰为西天目山的龙王峰1587m，平原地区大部分的地面高程在10m（吴淞零点）以上。

流域地貌分为山地丘陵及平原两大类，其中山地丘陵（约占16%）主要分布在流域西部；平原（约占68%）主要分布在流域北部、东部和南部。流域主要水系（河湖水面约占16%）属典型的平原河网，河道总长约 1.2×10^5 km，0.5 km^2 以上大小湖泊189个（高永年，2010）。全流域以太湖为中心，上游主要分布有苕溪水系、南河水系和洮滆水系，下游主要分布有黄浦江水系（包括吴淞江）、北部沿江水系和南部沿杭州湾水系。流域内平原地区地势低洼、平坦，地面坡降在1/20万～1/10万,河道水面比降小。

1.2.4 气候气象

太湖流域属北亚热带南部向中亚热带北部过渡的东西季风气候区，四季分明，无霜期长，热量充裕，降水丰沛。太湖湖区具有盛夏炎热，严冬寒冷的特点。太湖水量补给主要依赖天然降水，属雨源型湖泊。流域年均气温16.0℃，1月平均气温3.3℃，7月平均气温28.7℃，冬季受大陆冷气团侵袭，盛行偏北风，气候寒冷干燥；夏季受海洋气团控制，盛行东南风，气候炎热湿润。多年平均日照时数 2000h，无霜期 220～246d。

太湖流域年均蒸发量为 1151～1576mm，年际变化明显，年内雨量分配不均。年蒸发量北部大于南部，内陆大于沿海，平原大于山区。各地蒸发量大小受蒸发面温度、风速、空气湿度和地面性状等因素影响。其中蒸发面温度是决定因子，蒸发面温度越高，饱和水汽压越大，蒸发就越强。因此，本区夏季蒸发量可达冬季的 3～4 倍。降水量 905～1956mm，降雨量最大地区位于西南部的天目山区，湖面降水量 1084mm。年内呈双峰型，第一峰出现在 4～6 月，由春雨及梅雨造成；第二峰出现在 8～9 月，主要由台风雨造成。年降水量中，夏季占 37%，春季占 28%，秋季占 22%，冬季仅占 13%。湖面平均蒸发量 1001mm，夏季占 41%，春季和秋季分别占 25%，冬季仅占 9%。

1.2.5 植被和土壤

太湖流域植被多为残存次生林，以落叶阔叶林、常绿阔叶林和亚热带针叶林为主，它们对水土保持起到积极作用。太湖流域农业开发历史悠久，广大平原地区以栽培植被为主，丘陵山地现存自然植被大多是次生性植被，但仍具有明显的地带性分布规律，主要植被类型如下。

① 自然植被 针叶林、阔叶林、竹林、灌丛、草丛、沼泽。

② 栽培植被 农作物、经济林。

太湖流域土地类型是以《中国 1∶100 万土地类型制图规范》中湿润中亚热带与湿润北亚热带的土地分类系统为基础，结合本区情况加以修改补充，形成本区土地分类系统，其划分指标如下。

第一级类型以引起的土地类型分异的大（中）地貌类型划分（山

地以垂直自然地带划分）。

第二级类型是依据引起次一级土地类型分异的植被亚型（或群系组）与土壤亚类划分。

根据以上分类指标，太湖流域土地类型划分如下。

① 滩涂　主要分布在东海和杭州湾沿岸，其中大部分集中在杭州湾。

② 低湿河湖洼地　主要分布在沿江及个别湖泊洼地，面积较小且分布零散，以生长湿生杂草和芦苇为主。

③ 海积平地　分布的地貌部位与滩涂相同，由滩涂围垦改良而成。

④ 冲积平地　按水网密度、地势、土壤和工农业生产特点分为滩上平地、低平地水田、平地水田、基塘和河湖冲积淤积潮土平地。

⑤ 沟谷河川地　按其分布部位不同可分为岗、榜田和冲田。

⑥ 岗台地　梯田区水利条件较差，以麦、油菜两熟为主，生产水平较低。

⑦ 丘陵地　分布较广，除茅山山地丘陵外，均属中亚热带气候。

⑧ 低山地　主要分布在宜溧山地和浙西天目山地，海拔高度在800m以下，植被为常绿阔叶林、针叶林、灌丛和毛竹，也有人工栽培的茶、油桐等经济林。

⑨ 中山地　主要为浙西山地的天目山，分布面积较小，除主峰外大部分海拔在1000m左右。

太湖流域土壤以黄棕壤、红壤为主，农业土壤主要为水稻土（徐昔保，2011）。太湖流域的人均耕地面积为1.68亩，分为水田、旱地和菜地三类；并以水田为主，占88%。

1.2.6　地下水

太湖流域内地下水有第四系松散岩类孔隙水及基岩孔隙、裂隙、岩溶水两大类，松散岩类孔隙水分布最广。地下水系统储水介质结构复杂，含水岩组繁多。平原区覆盖着粗细叠置、成因复杂的第四纪松散沉积物，厚 50～300m，由西南向东北逐步递增，其构成主要为黏土、砂土、砂砾层，结构松散，空隙水发育。总体上，西部、南部的山丘区是隔水边界，长江河谷和太湖岸周是浅层地下水的侧向补给边界。

孔隙潜水主要分布于除沿海地带外流域内腹地平原地区，水量贫乏，水质较差且极易污染；第Ⅰ承压含水层除基层凸起处缺失外广泛分布，且发育良好，开发利用主要集中在江苏省沿江地区；第Ⅱ承压含水层组透水性和富水性好，单井涌量可达 1000～3000m³/d，为江苏和浙江两省的主要开采层；第Ⅲ承压含水层组富水性较好，单井涌量可达 1000～2000m³/d，为上海和浙江两省（市）的主要开采层（莫李娟，2013）。

浅层地下水的输入主要包括大气降水渗入、地表水补给和地下水径流补给，排泄主要包括地下水的蒸发、补给地表水、侧向径流和人工开采等。由于地势和含水层岩性单一，其水动力条件相对简单，以垂直运动为主。流域内地表水与浅层地下水一般呈互补关系，汛期地表水为高水位时补给地下水；非汛期地下水补给地表水（成新，2003）。

从 20 世纪 80 年代开始，苏锡常地区开始超采地下水，逐步形成以苏州、无锡和常州 3 市为中心的大型地下水水位降落漏斗。地下水位每年以 2～3m 的速度持续下降，分别形成以开采区为中心的水位下降漏斗，发生程度不一的地面沉降，其沉降范围与地下水位漏斗范围基本一致。区内地下水资源极其有限也很宝贵，供水以地表水为主。因此应全面开展水环境综合治理，加强替代水源和城乡一体化供水工程建设，实施杭嘉湖平原地下水禁采限采措施，开展地下水人工回灌（胡建平等，1998）。

1.2.7 河流水文

（1）河流自然水文

太湖流域是我国水资源最丰富的地区之一，主要来源于地表径流和湖面降水补给，通常 5～9 月为汛期。多年来，太湖流域平均径流量 $200×10^8 m^3$。近年来，太湖流域降水时差分配不均，本地水资源量短缺，在水资源总量中，当地径流有限，入境水量比重很大，长江多年平均过境水量 $9334×10^8 m^3$；2011 年沿长江口门（不含黄浦江）引入太湖流域水资源量 $88×10^8 m^3$ [《太湖流域水环境综合治理总体方案（2013 年修编）》]，但因太湖流域人口增长速度快，经济社会高度发达，人均占有量并无明显优势。多年人均水资源占有量为 398m³，低于全国人均水资源量的 1/5。全流域可利用水资源 $270×10^8 m^3$，基本可满足工农业发展与生活用水需要。

太湖流域河道总长约 $12×10^4 km$，河道密度达 $3.25km/km^2$，为洞庭湖的 2 倍；出入太湖河流 228 条，河流纵横交错，湖泊星罗棋布，是全国河道密度最大的地区，也是我国著名的平原水网地区。主要入湖河流有武进港、陈东港、殷村港、长兴港、西苕溪等 22 条，出湖河流有太浦河、瓜泾港、胥江等。流域内河道水系以太湖为中心，分上游水系和下游水系两个部分：上游水系主要为西部山丘区独立水系，有苕溪、南河及洮滆水系等；下游水系主要为平原河网水系，主要包括以黄浦江为主干的东部黄浦江（包括吴淞江）、北部沿江和南部沿杭州湾水系。京杭大运河穿越流域腹地及下游诸水系，全长 312km，起着水量调节和承转作用，也是流域的重要航道。根据江浙两省环太湖巡测资料计算，多年平均入湖地表径流量 $57.7×10^8 m^3$，湖面降水量 $26.3×10^8 m^3$，合计年入湖总水量 $84.0×10^8 m^3$；多年平均年出湖地表径流量 $57.1×10^8 m^3$，湖面蒸发量 $24.3×10^8 m^3$，合计年出湖总水量 $81.4×10^8 m^3$，蓄水变量 $2.6×10^8 m^3$，出入湖水量大体平衡。太湖出水口集中于东部和北部，其中东太湖出水量约占总出水量的 67%，西太湖仅占 33%。2014 年环太湖河流入湖量 $101.56×10^8 m^3$，出湖水量 $104.06×10^8 m^3$。湖西区仍是入湖水量的主要来源，全年有 71% 的入湖水量来自湖西区；太浦河是主要出湖通道之一，出湖水量占 23％。

（2）引江济太工程

引江济太通过望虞河常熟水利枢纽引水，由望亭水利枢纽入太湖，经 2002～2004 年的调水试验后，2005 年引江济太进入长效运行。2005～2014 年，引江济太通过望虞河调引长江水 $198.12×10^8 m^3$，引水入太湖 $89.96×10^8 m^3$；2014 年太湖流域管理局先后两次组织实施引江济太，全年通过望虞河引长江水 $20.17×10^8 m^3$，引水入太湖 $10.56×10^8 m^3$，引水入湖效率达 50％以上。通过太浦闸向下游地区增加供水 $9.19×10^8 m^3$。通过引江济太，有效地增加了流域水资源量，供水范围涵盖了太湖、太浦河及黄浦江上游主要饮用水水源地，保障人口超过 2000 万。

除了太湖在引水外，滇池和巢湖也在引水，引江济太工程引水量高于"引牛济滇""引江济巢"工程。牛栏山-滇池引水主体工程自 2008 年年底开工建设，2013 年 9 月 25 日正式通水，每年平均可向滇池补水 $5.6×10^8 m^3$。从牛栏江引水，到 2020 年重点向滇池补充生态水量，改善滇池水环境，并在昆明发生供水危机时，提供城市生活及工业用水；到 2030 年远期主要为曲靖市生产、生活供水，其次与金沙江调水工程共同向滇池补水，并作为昆明市的后备水源提供供水安全保障。巢湖调水区作为引江济巢工程的重要调水区，"引江济巢"项目实施后，每年可向巢湖引长江水约 $10×10^8 m^3$。以上引水工程对于湖泊中水流流动性的改善无疑具有正作用，但是其对于水质变化的影响还需要进一步长期科学的观测及研究。

1.2.8 湖荡与太湖

太湖流域湖区面积 3159km²，包括太湖 2338.1km² 和水面面积小于太湖的湖荡（按水面积大于 0.5km² 的湖泊统计），湖区面积占流域平原面积 29557km² 的 10.7％，湖泊总蓄水量 $57.68×10^8 m^3$，是长江中下游 7 个湖泊集中区之一。面积大于 10km² 的湖泊 9 座，分别是太湖、滆湖、阳澄湖、洮湖、淀山湖、澄湖、昆承湖、元荡、独墅湖，合计面积 2838.3km²，占流域湖泊总面积的 89.8%，蓄水量 50.77×10⁸m³，占全部湖泊总蓄水量的 88%。

太湖湖域大中型湖泊形态特征如表 1-2 所列。太湖流域中部地势低洼，大小湖泊星罗棋布。在众多湖群中太湖居中，太湖以西洮滆湖群，包括洮湖、滆湖及宜兴三氿等湖泊；太湖以东有阳澄、淀泖湖群，包括阳澄湖、昆承湖、淀山湖、澄湖等湖泊。湖泊形态特征是表征湖泊自然特性的重要指标。本流域的湖泊由于受自然因素和人为因素的影响，湖盆形态大致相似，都是浅水碟形湖盆，属三角洲浅水湖泊类型；湖底地形十分平坦，太湖的湖底平均坡度为 19.66″，滆湖的湖底平均坡度 22′58″；湖水很浅，一般水深 1～2m，湖泊蓄水容积比较小。本区湖泊水浅、底平、容量不大，调蓄能力较弱，但利于湖水混合，使全湖水文特性、化学成分常处均一状态。

表 1-2　太湖流域大中型湖泊形态特征

湖泊名称	水面积 /km²	湖泊长度 /km	平均宽度 /km	平均深度 /km	总蓄水量 /10⁸m³
太湖	2338.1	68.55	34.11	1.89	44.28
滆湖	146.9	24	6.12	1.07	1.57
阳澄湖	118.9	—	—	1.43	1.73
淀山湖	63.7	12.9	5	1.73	1.11
洮湖	89	16.17	5.5	0.97	0.86
澄湖	40.6	9.88	4.11	1.48	0.6
昆承湖	17.9	6	3～4	1.71	0.31
元荡湖	13	6	2.15	1.38	0.18
独墅湖	10.2	5.9	—	1.31	0.13

注：参考《太湖流域综合规划（2012—2030 年）》，2013 年 2 月。

长期以来的围湖垦殖和联圩并圩，致使湖泊面积减少，流域湿地退化，与 20 世纪 50 年代相比，太湖、滆湖、洮湖、独墅湖、阳澄湖、澄湖、元荡湖和淀山湖等重点湖泊水面缩减达 306km²，其中太湖水面缩减约 160km²，漏湖水面缩减约 107km²，流域湖泊累计蓄水量减少约 $4.83 \times 10^8 m^3$［《太湖流域综合规划》(2013—2020 年)］。

1.2.9 陆地生态与水土流失

（1）陆地生态

太湖流域地貌分为山地丘陵及平原，西部山地丘陵区面积 $0.73 \times 10^4 km^2$，约占流域总面积 20%；中部广大平原区 $2.96 \times 10^4 km^2$，约占流域总面积 80%。2010 年，流域总耕地面积 1733 万亩，人均耕地面积近 0.3 亩，仅占全国平均水平的 35.7%，人地矛盾突出。流域城镇面积从 1985 年的 3580.9km² 增长到 2007 年的 10335.9km²，增长了 1.9 倍。太湖流域圩区面积共计 10630.91km²，占流域总面积 28.81%；全流域圩区共计 2000 个，在流域东南部分布最密集。据统计，仅嘉兴市每年产生水土流失的土地面积就超过 100hm²。以上海市为例，建设用地 1996 年 2294km²，2009 年为 2860km²，由 28.9% 增加至 36.0%。

太湖流域耕地利用变化分析得出，流域耕地面积比例较高，但强大的经济基础和有利的区位条件使耕地资源得以高速开发利用，耕地成为减幅最大的用地类型（徐昔保，2011）。

2010 年耕地占流域面积比例仍达 50%，近年来太湖流域耕地不断减少，但不同时段减少速度和区域差异显著。1985～2000 年间，耕地减少 1346.82km²，占 1985 年流域耕地总面积 5.69%。流域耕地减少 91.93% 发生在上海市和江苏省。2000～2010 年间，流域耕地面积减少了 4317.46km²，上海市和江苏省是耕地减少的主要区域，但浙江省耕地减少加剧，达到 1046.17km²，占区域耕地减少的 24.16%（孙小祥，2014；潘佩佩，2015）。

（2）水土流失

太湖流域平原河网地区水土流失主要是土地表层侵蚀，是指土壤或其他地面组成物质在自然应力和人类活动作用下，被破坏、剥蚀、搬运和沉积的过程。据调查，太湖流域平原河网地区水土流失面积为

398.9km²，其中江苏省 191.3km²，浙江省 147.2km²，上海市 60.4km²（见图 1-3）。以嘉兴市为例，每年产生水土流失的土地面积超过 100hm²，相当于一个中等行政村的面积。水土流失降低了土地生产力。

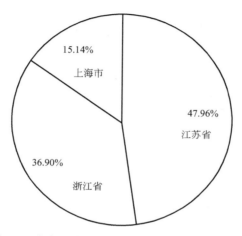

图 1-3　太湖流域两省一市水土流失面积占比情况

流域降雨较丰沛，强度大，且平原河网地区密度大，受感潮影响，该地区水力侵蚀主要在降雨、水流及潮水作用下产生，主要表现为：a. 降雨雨滴溅蚀；b. 降雨径流面蚀；c. 水流及潮水沟蚀。平原河网地区大部分非骨干河道为自然土质边坡，且河岸土体的含水量较高，土体抗剪强度较低，在暴雨、地表径流和潮水的冲刷下，河沟坡面易产生淋沟侵蚀、切沟侵蚀和河岸坡的崩坍，产生水土流失。虽然流域水蚀程度与山丘区相比较轻，但由于片区平原面积大，水网密集，船行航运频繁，造成水土流失日渐严重。水土流失造成河网淤积，导致河床抬高，河道行洪能力降低，使洪水过程的高水位持续时间延长。

太湖流域平原河网地区人为侵蚀造成的水土流失主要体现在两方面：一是区域内人口众多，人均土地面积和耕地面积少，河塘边坡耕垦种植经济作物、林地砍伐导致水土流失加剧；二是区域内经济社会发展快，基础建设力度大，经济技术开发区、工业园区众多，在开发建设过程中，造成水土流失（袁洪州，2013）。

1.2.10 自然资源

太湖流域旅游资源丰富，风景名胜以自然景观为主体，结合人文景观，以民间传说、神话故事和历史古迹为纽带，形成完善、和谐与协调的极具江南特色的风景区。苏州市郊有不少自然景观，如虎丘、灵岩山、天平山和七子山等，其中虎丘被称为"吴中第一名胜"。杭州西湖是中国十大风景名胜区之一，三面环山、一面街市、湖光山色、浓淡相宜，沿湖亭台楼阁，古色古香，布局得体。以西湖为中心的 49km² 园林风景区，共有名胜 40 多处，文物古迹 30 多处，其中南宋时的"西湖十景"和元代的"钱塘十景"，脍炙人口，闻名中外。上海是世界十大港口城市之一，是著名的"购物天堂"，主要景点有豫园、玉佛寺、龙华塔、龙华寺、静安寺、大观园和醉白池等 20 多处。

太湖流域位于长江下游与河口段的南侧，地跨江浙沪皖四省市。整个地势西高东低，大致以丹阳—溧阳—宜兴—湖州—杭州一线为界，分平原与山地丘陵两大部分。太湖流域内金属矿产不多，但非金属矿储量较为可观，已发现和探明可供工业上利用的固体矿产主要有固体燃料、黑色金属、黑色冶金辅助原料、有色金属、贵金属、稀有及稀土金属、化工原料、建筑材料和其他非金属九类共 59 种。

第2章

太湖流域分区及污染源特征

2.1 太湖流域分区

太湖流域的分区，在不同阶段有不同的分法，是因为分别结合了一些实际因素。

2.1.1 "九五"规划分区为一湖一区与系列河流（21个县市区）

"九五"计划中，太湖流域的范围为：太湖和太湖上游地区，以及与太湖有关的主要出入湖河流（含望虞河、太浦河等），包括江苏省苏州市区、吴江市、无锡市、锡山市（锡山区、惠山区）、滨湖区、宜兴市、常州市区、武进市、溧阳市、金坛市、丹阳市（部分）、丹徒市（部分），以及浙江省湖州市、嘉兴市、杭州市区、余杭市、临安县。其中望虞河、太浦河还涉及江苏省常熟市（部分）、张家港市（部分）、浙江省嘉善县（部分）及上海市青浦区（部分）。

2.1.2 "十五"规划分区为9区23单元

在"九五"计划的基础上将常熟市、张家港市、昆山市和嘉善县扩大为全部区域。将"九五"计划中分散居民、畜禽养殖、湖滨污染及船舶污染 4 项中的统计数扩大为全部统计数，此外，新增农田面源流失、水产养殖及耕地水土流失 3 项指标。

计划范围按水系分布和行政区界划分为 2 个规划区、7 个控制区和 23 个控制单元。

2 个规划区分别为江苏省规划区和浙江省规划区。

① 江苏省规划区　由无锡市、常州市、苏州市和镇江市 4 个控制区组成，包括苏南运河、锡北运河、直湖港、南溪河、兆扁溇太水系、常武地区水网、丹金溧漕河、园区娄江、运河苏州段、狄塘、太浦河、吴淞江、运河丹阳段和运河丹徒段 14 个控制单元。

② 浙江省规划区　由杭州、湖州和嘉兴 3 个控制区组成，包括运河杭州段、东苕溪杭州段、上塘河杭州段、东苕溪湖州段、西苕溪、长兴水系、东部平原河网、嘉兴运河和嘉兴河网，共 9 个控制单元。

2.1.3　"十一五"水专项分为 5 个区

因各行政区域发展和污染程度不同，导致各区域的研究差异，为更好开展调查研究及后续污染控制方案的制定，需将太湖流域分为不同区域。

在"十一五"国家水专项太湖项目期间，综合考虑环保部门、发改委、水利部门等对太湖流域的划分，结合行政区划，从汇水面积角度以及模型计算结果，将太湖流域（江苏和浙江部分）分成 5 个区，2007 年太湖流域土地总面积 30080km^2，涵盖了 32 个县级行政区、322 个镇和 165 个街道。

其中，5 个污染区分别为北部重污染控制区、湖西重污染控制区、浙西污染控制区、南部太浦污染控制区及东部污染控制区；流域污染分区与污染控制 32 个行政单元如表 2-1 所列。

表 2-1　流域污染分区与污染控制 32 个行政单元

分区名称	区域范围
北部重污染控制区	常州市的部分区域[常州市区（包括戚墅堰区、天宁区、新北区、钟楼区）武进区]，无锡市的部分区域[无锡市区（包括滨湖区、惠山区、锡山区），江阴市]，苏州市的部分区域（常熟市、张家港市）

续表

分区名称	区域范围
湖西重污染控制区	镇江市的部分区域(丹徒区、丹阳市、句容市),常州市的部分区域(金坛市、溧阳市),无锡市的部分区域(宜兴市),南京市的部分区域(高淳县)
浙西污染控制区	杭州市的部分区域(杭州市区、余杭区、临安市),湖州市的部分区域(湖州市区、德清县、长兴县、安吉县)
南部太浦污染控制区	嘉兴市的部分区域(嘉兴市区、嘉善县、海盐县、海宁市、平湖市、桐乡市)
东部污染控制区	苏州市的部分区域(苏州市区、昆山市、吴江市、太仓市)和上海市青浦区的3个镇(练塘镇、朱家角镇和金泽镇)

2.2 污染源分类及分区污染源特征分析

2.2.1 现有污染源分类

(1) 污染源通常分为点源、面源和内源三类

此为污染源的传统分类法。根据《湖泊富营养化控制理论、方法与实践》,按照流域污染源治理的困难程度,可将污染源分为可控源与不可控源;不可控源主要是大气干湿沉降,可控源又可分为若干小类。

为了便于污染控制,根据流域污染源的集水区和汇水区的特点,将可控污染源分为陆域污染源（外源污染）和湖内污染源（内源污染）,陆域污染源可分为点源和面源。

① 点源 主要是指通过排放口或管道排放污染物的污染源,它的量可以直接测定或定量化,包括工业废水、城镇生活污水、污水处理厂与固体废弃物处理厂出水以及流域其他固定排放源。

② 面源 主要是指点源污染以外的污染源,它没有固定的发生源,污染物的运动在时间和空间上都有不确定性和不连续性,污染物的性质和污染负荷受气候、地形、地貌、土壤、植被及人类活动等因素的综合影响。就湖泊富营养化而言,陆地面源主要包括城镇地表径流、农牧区地表径流、林区地表径流和矿区地表径流等。

内源污染主要包括湖内底泥污染、养殖污染、旅游污染、船舶污

染、藻类污染等。

污染源分类如图 2-1 所示。

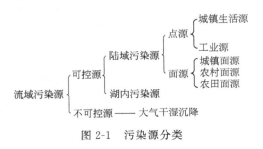

图 2-1　污染源分类

（2）第一次污染源普查时将污染源分为四类

按照污染源普查，分类如下。

① 工业源　包括采矿业、制造业、电力、燃气及水的生产和供应业排放的污染物。

② 农业污染源　包括规模化养殖场和农业面源。范围：第一产业中的农业、畜牧业和渔业（人工饲养的规模化畜禽养殖小区、养殖专业户、淡水及近岸海滩涂养殖场）。

③ 城镇生活污染源　包括以污水、垃圾和医疗废物等为主的污染物。

④ 集中式污染源　包括城镇污水处理厂、垃圾处理厂和危险废物处置厂等。

（3）全国第二次污染源普查时将污染源分为六类

全国第二次污染源普查，普查对象是中华人民共和国境内有污染源的单位和个体经营户。范围包括：工业污染源，农业污染源，生活污染源，集中式污染治理设施，移动源及其他产生、排放污染物的设施。

普查内容包括普查对象的基本信息、污染物种类和来源、污染物产生和排放情况、污染治理设施建设和运行情况等。

普查标准时点为 2017 年 12 月 31 日。

（4）本研究中污染源分类法

本研究中的污染源分类法比第一次污染源普查的分类法更全面，比传统的分类法更细化。从点源和面源的差异性，能集中收集起来的为点源；将集中养殖、有管网收集的农村生活地点作为点源；而其余的养殖和生活地点作为面源。

将流域污染源分为工业点源、城镇生活、农村生活、种植业、畜禽养殖及其他六大污染源（见图2-2），补充考虑了城镇生活源、农村生活源及工业源的污水纳管与直排、大气干湿沉降、底泥内源释放等过程，并且将城镇生活源、农村生活源和养殖源中的未处理部分作为面源，其余作为点源计算。

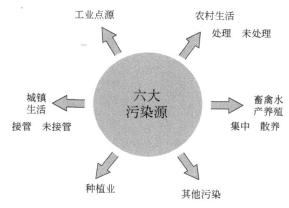

图2-2 污染源分类示意（六大类，九小类）

2.2.2 太湖流域污染源区域分布特征

根据"十一五"国家水专项，将太湖流域分成5个污染控制区，分别为湖西重污染控制区、北部重污染控制区、东部污染控制区、南部太浦污染控制区和浙西污染控制区。根据《太湖流域水污染及富营养化综合控制研究》，各区基本情况如表2-2所列。太湖流域工业污染突出，工业污水收集处理水平较低。北部污染控制区工业污染突出，化工、纺织、造纸等行业污染贡献率较大。截至2014年，太湖流域纺织业、造纸业废水及污染物排放占流域工业排放量40%以上。其次是东部污染控制区。种植业科学化、规模化生产程度较低，环境管理及综合治理水平不高，缺少面源污染收集及处理系统，农业径流污染较严重。畜禽养殖业是太湖流域面源污染的重要来源，企业以散养、分散养殖为主，截至 2013 年，太湖流域畜禽养殖企业 9909 家，传统养殖污染面广泛、污染物排放量大，中小型畜禽养殖场数量占 87.3％，COD 排放量占面源污染排放总量的 76.5％。对小型和分散畜禽养殖污染的整治一直缺乏有效治理措施。城镇生活源和农村生活源污水收集处理水平相对较低，随着太湖流域城镇化率提高，人口集聚带来的城镇生活源污染物排放不容忽视，而农村生活污水收集处理设施的缺乏依然是短板。

表 2-2　流域污染区域分布特征

区名	区域范围	污染源	主要特征
北部重污染控制区	常州市区、武进区、无锡市区、江阴市，常熟市、张家港市	工业源	工业污染突出，排污量列居流域之首；化工纺织业污染贡献率大，对太湖水质影响大
		种植业源	种植业面积较小，农业发展不足，水田排放水污染较严重，缺乏农田排水集中收集渠道，湿地保护不健全，面源入河削减程度较低
		畜禽养殖源	
		城镇生活源	人口密度最大，污水集中处理率为 60％ 以下
		农村生活源	农村生活源污水入河量较大，污水集中处理率在 7％～10％
浙西污染控制区	杭州市区、余杭区、临安市，湖州市区、德清县、长兴县、安吉县	工业源	与南部太浦污染控制区比，浙西污染控制区氨氮污染贡献率较高、重污染行业相对集中
		种植业源	种植业面积较大，农业发展程度较高，碳氮磷排放比重较重，属于传统农业，农村面积大，环境管理及综合治理水平不高，缺少面源收集及处理系统
		畜禽养殖源	
		城镇生活源	人口密度最低，污水集中处理率平均约为 60％
		农村生活源	生活污水入河量约占总入河量的 16％，污水集中处理率约为 7％

续表

区名	区域范围	污染源	主要特征
东部污染控制区	苏州市区,昆山市,吴江市,太仓市,青浦区练塘镇、朱家角镇和金泽镇	工业源	工业污染较严重,排污量列居流域第二;纺织、化工业污染贡献率较大,对太湖水质影响较小
		种植业源	种植业面积较小,农业发展比重小,属于传统农业,分散、发展缓慢
		畜禽养殖源	
		城镇生活源	污水集中处理率平均约为60%
		农村生活源	污水集中处理率在7%~10%之间
南部太浦污染控制区	嘉兴市区、嘉善县、海盐县、海宁市、平湖市、桐乡市	工业源	与浙西污染控制区比,本区COD污染贡献率较高,经济环境协调性较差,水环境质量较差,嘉兴河网水质以Ⅴ类、劣Ⅴ类为主,占断面总数89.5%;运河水系全为Ⅴ类、劣Ⅴ类
		种植业源	种植业面积较大,种植规模较大,但规模化、科学化生产程度较低,肥料施用不科学,水田污染严重,湿地保障不健全,缺乏面源集中处置渠道
		畜禽养殖源	养殖业较多,养殖废水入河
		城镇生活源	生活污水入河量较低,污水集中处理率为46.6%
		农村生活源	污水集中处理率7%以下
湖西重污染控制区	丹徒区、丹阳市、句容市,金坛市、溧阳市,宜兴市,高淳县	工业源	工业污水接管率较低,化工业污染贡献率最大,对太湖水质影响较大
		种植业源	种植业面积在5区中最大,种植业发达,但属于传统农业,污染排放量较大,农田尤其水田多建于河道及湖荡边,排水分散,削减路径较短,湿地屏障薄弱
		畜禽养殖源	
		城镇生活源	人口密度最低,污水集中处理率平均约为40%
		农村生活源	污水集中处理率约为5%

第3章

太湖流域土地利用、社会经济、产业结构调查及结果

3.1 太湖流域土地利用

太湖流域社会经济发达、人口密集程度高，人类社会各项活动剧烈，由于土地面积相对较小，人地矛盾较为突出，人类活动对土地利用格局影响较大。土地是一种生态系统，人类对土地的利用，必在不同方面对其产生影响，再对依附于土地的生态系统及其环境产生作用。土地利用格局变化对水资源质量及其空间分布都有影响。以流域为单元研究土地利用格局变化对水质的影响受到很多研究人员重视。

在遥感数据解译基础上，分析了1985年、2000年、2010年三个时段6大类土地利用面积。在研究区内，耕地面积减少较快，自1985年至2010年耕地面积减少4354.04km^2，同期建设用地增加了4248.23km^2，其他土地利用类型面积变化幅度相对较小。土地利用格局变化特征为建设用地大量占用耕地，原因是该区域社会经济的高速发展，城市化进程的快速推进，造成建设用地的需求旺盛，占用了其他地类（主要是耕地）的空间。

太湖流域1985～2010年各类土地利用面积总量变化趋势：水域用地面积呈略微增加趋势，耕地面积呈快速退缩趋势，尤其是近10年的退缩速度明显高于前10年，耕地减少量约3006km^2，为前15年的2.23倍。除此之外，在1985～2000年、2000～2010年两个时段

内林地、草地、未利用地在 1985 年的水平上略微波动。分析造成此现象的主要原因，在 2000～2010 年间，太湖流域的城市化发展速度较快，特别是近 10 年时间，建设用地增加了近 4000km²，其他类型的土地利用面积变化不显著，可见城市化发展主要以占用耕地来实现。从太湖流域整体土地利用格局上看，东部和北部建设用地分布广，太湖西南与西部为主要林地分布区，东南与西北部为主要耕地分布区。从太湖流域各土地利用类型面积看，在 2010 年，水域面积约占 1/10，林地面积约占 1/5，耕地面积约占 2/5，建设用地约占 1/5。太湖流域的林地覆盖率仅 19.51%，尤其是草地覆盖率仅 0.63%，这些都不利于水土保持，也加速了流域水资源质量的下降。

太湖流域 1985～2000 年土地用途转移矩阵如表 3-1 所列。

表 3-1　太湖流域 1985～2000 年土地用途转移矩阵

单位：km²

项目	耕地	林地	草地	水域	建设用地	未利用地	转出合计	变化率/%
耕地	0.00	50.11	0.18	116.68	1285.04	0.13	1452.14	89.52
林地	2.58	0.00	28.84	0.97	9.19	0.50	42.08	2.59
草地	0.19	4.64	0.00	4.34	3.42	0.12	12.71	0.78
水域	44.85	0.72	0.01	0.00	2.26	0.39	48.23	2.97
建设用地	56.71	1.98	0.00	4.79	0.00	0.00	63.48	3.91
未利用地	0.16	3.19	0.00	0.00	0.09	0.00	3.44	0.21
转入合计	104.49	60.64	29.03	126.78	1300.00	1.14	1622.08	100.00
变化率/%	6.44	3.74	1.79	7.82	80.14	0.07	100.00	

从土地用途转移矩阵上可见，自 1985 年至 2000 年，太湖流域主要土地利用格局转移方向为建设用地，占总转移量的 80.14%，转移面积达 1300.00km²；其次是水体增加，占 7.82%；同时，流域主要土地利用格局流失类型为耕地，占土地用途转移总量的 89.52%，转移面积达 1452.14km²。可见，15 年间的土地利用类型变化主要趋势：农田大面积退缩；建设用地大幅度增加。由于太湖流域土地利用率与熟化程度非常高，后备资源很少，未利用地的可利用面积很少，对区域土地利用贡献率仅占 0.21%。从耕地面积变化看，主要流向是建设用地，其次是水体与林地。从建设用地占地情况看，主要来源于耕地，其次是林地与草地。因此，随着经济的发展与人口的增多，

工业化与城市化的发展，建设用地增加是耕地减少的最主要原因。

3.2 太湖流域经济

太湖流域城镇密集、城市化水平较高，是我国最发达、经济发展最快的地区之一。太湖流域共 32 个行政单元、5 个分区；之前有些镇发生了归并。随着社会经济发展，太湖流域的城镇建设速度明显加快，目前已形成一个由特大、大、中、小城市、建制镇等级齐全的城镇体系，建制镇的数目增多，城市的群体结构趋于合理。

其流域 2005～2014 年的社会经济状况如表 3-2 所列。近 10 年来，北部重污染控制区 GDP 最高，其次是东部污染控制区、浙西污染控制区、湖西重污染控制区和南部太浦污染控制区，如图 3-1 所示。2007 年各行政单元 GDP 分布也呈现北部地区高、湖西和南部地区低的特点。太湖流域 GDP 平均增长率为 27.3%，呈线性增长趋势。各分区 GDP 也呈线性增长，其中，东部污染控制区增长速率最快，年均增长率为 34.2%；其次为湖西重污染控制区、浙西污染控制区、北部重污染控制区、南部太浦污染控制区（见图 3-2）。

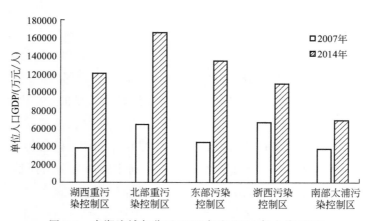

图 3-1　太湖流域各分区 2007 年和 2014 年人均 GDP

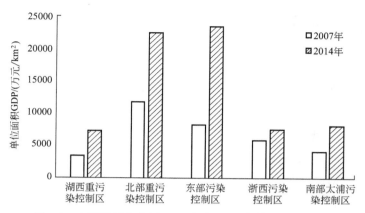

图 3-2 太湖流域各分区 2007 年和 2014 年单位面积 GDP

表 3-2 太湖流域分区经济变化情况   单位：万元

项目	县级行政区个数/个	镇个数/个	2005年	2006年	2007年	2008年	2009年	2010年	2011年	2012年	2013年	2014年
湖西重污染控制区	8	67	1601	1887	2262	2717	3087	3672	4413	4942	5557	6076
北部重污染控制区	6	59	5236	6280	7471	8736	9968	11525	12307	13170	14286	16973
东部污染控制区	5	43	3174	3881	4661	5677	6401	7629	8805	11326	12980	12952
浙西污染控制区	7	89	3403	3999	4613	5375	5758	6751	7940	8820	9493	11137
南部太浦污染控制区	6	53	1152	1340	1584	1736	1854	2219	2577	2760	3005	3186
合计	32	311	14566	17388	20591	24242	27069	31795	36043	41018	45320	50323

如图 3-1、图 3-2 所示，2007 年太湖流域人均 GDP 为 5.35 万元，2014 年人均 GDP 为 12.75 万元，2007 年流域单位面积 GDP 为 6623 万元/km²，2014 年流域单位面积 GDP 为 12425 万元/km²。其中，2007 年和 2014 年北部地区流域人均 GDP 最高，2007 年流域单位面积 GDP 北部最高，东部次之，2014 年流域单位面积 GDP 东部最高，北部次之。

3.3　太湖流域产业结构

　　通过对太湖流域社会经济状况及产业结构的调查，统计各城镇上万条统计数据，形成了 2007～2008 年太湖流域社会经济整体情况及三大产业产值情况。

　　太湖流域五大分区三大产业分布（2007 年）如图 3-3 所示。由图 3-3 可知，太湖流域三大产业比重分布不均：2007 年，第一产业占 3％，第二产业占 58％，第三产业占 39％；第二产业占主导，第三产业发展滞后。

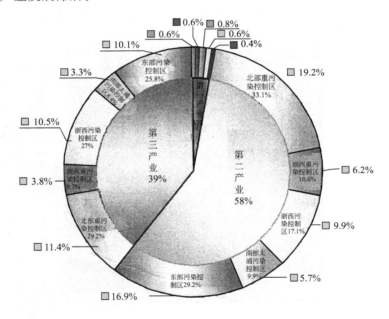

图 3-3　太湖流域五大分区三大产业分布（2007 年）

　　根据江苏省统计年鉴，江苏地区太湖流域经济情况：2007 年 GDP 为 13569.18 亿元，第一产业占 2％，第二产业占 61％，第三产业占 37％。2008 年 GDP 为 15703.17 亿元，第一产业占 2％，第二产业占 60％，第三产业占 38％。浙江省太湖流域 2007 年三大产业比重如下：第一产业占 4.41%；第二产业占 52.84%；第三产业占 42.75%。

流域 2007～2009 年社会经济整体情况见表 3-2，2008 年各区经济总量呈现上升趋势，GDP 增长均在 14% 以上，总体 GDP 增长约 15%，湖西重污染控制区和浙西污染控制区经济增长最快，增长率约 17%；2009 年各污染控制区 GDP 继续保持增长，总体增长率为 11.9%。

流域境内人口增长趋势较平稳，尤其是近年来相对放缓。2007 年总人口约 3718.64 万人，人口密度 1236.3 人/km²，分布密集，同期全国人口密度仅为 130 人/km²；现状常住人口分布超过 200 万的有苏州市区、常州市区、无锡市区和杭州市区。从全流域看，绝大部分地区 2008 年常住人口数量高于 2007 年，人口增长率在 3% 以内。

流域人均 GDP 4.58 万元，其中东部污染控制区的最高；流域单位面积 GDP 为 5657 万元/km²，其中东部污染控制区的最高。

近年来，流域境内生产总值总体呈稳定增长趋势，2007 年国民生产总值 19359.4 亿元。其中，浙江地区 2007 年 GDP 为 6351.75 亿元，第一产业产值最高的为余杭区，其次为湖州区，最低的为杭州主城区；第二产业产值最高依次为杭州主城区、余杭区和湖州市区，较低的为安吉县和德清县；第三产业产值最高依次为杭州主城区、嘉兴市区和湖州市区，较低的为海盐县和安吉县。江苏地区 2007 年 GDP 为 13569.18 亿元，第二产业所占比重最大，约占 GDP 总量的 60%。

太湖流域社会经济整体情况：通过对太湖流域社会经济状况及产业结构的调查，统计各城镇上万条统计数据，形成了 2007～2008 年太湖流域社会经济整体情况及三大产业产值情况。

太湖流域三大产业比重分布不均：2007 年，第一产业占 3%，第二产业占 58%，第三产业占 39%；第二产业占主导。

流域 2007～2008 年社会经济整体情况如表 3-3 所列。2008 年各区经济情况呈现上升趋势，GDP 增长均在 14% 以上，总体 GDP 增长速率约为 20%，北部和东部控制区经济增长最快，增长率约为 23%。

表 3-3　太湖流域社会经济分区特征（2007～2008 年）

区名	区域范围	主要特征	主要问题
北部重污染控制区	常州市区、武进区、无锡市区、江阴市、常熟市、张家港市	该区经济总量占太湖流域的 37%，比重较大，区内经济以第二产业为主，占 62%，第一产业比重较小，仅 1%；6 大污染行业工业增加值最大；人口密度大（1909 人/km²）	三大产业结构失调，第二产业规模太大，造成了本区能耗大，污染排放多的现状；人口密度过大，从业人口结构不合理，人口规模控制形势严峻，威胁了本区粮食安全，需大量从外调粮；纺织业、化工业等重污染行业规模较大，应适当控制
湖西重污染控制区	丹徒区、丹阳市、句容市、金坛市、溧阳市、宜兴市、高淳县	该区区域面积最大，但经济总量比重较小，占太湖流域的 10%，区内经济以第二产业为主，占 62%，第一产业所占比重较高，占 6%	三大产业结构失调，第二产业规模太大，造成能源消耗和污染排放大；化工产值高，污染严重；第一产业从业人员比例偏高
浙西污染控制区	杭州市区、余杭区、临安市、湖州市区、德清县、长兴县、安吉县	该区经济总量占太湖流域的 19%，区内经济第一、第二、第三产业发展均衡，农业发展程度较高，第一产业比重占 4%；人口自然增长率较大	第二产业内部结构不合理，纺织业增加值较高，污染严重，高新技术产业发展相对滞后；城市化程度低，农村环境管理水平低，面源污染严重；农业内部畜禽养殖规模偏大，污染物排放较多
南部太浦污染控制区	嘉兴市区、嘉善县、海盐县、海宁市、平湖市、桐乡市	该区经济总量占太湖流域的 9%，比重较小，区内经济以第二产业为主，占 60%，第一产业比重较高，为 6%；从业率在五区中比重最高，但城镇化最低，为 36%；人均产值最低	第一产业发展水平低，基本为传统农业，其万元 GDP 农业污染排放量居高不下；第三产业发展缓慢；第二产业中纺织业增加值较高，污染排放量大
东部污染控制区	苏州市区、昆山市、吴江市、太仓市、青浦区练塘镇、朱家角镇和金泽镇	该区经济总量占太湖流域的 25%，比重较大，区内经济比重以第二产业为主，占 62%，第一产业比重较小，为 1%；人口密度区域第二，常住人口密度高达 1832 人/km²；城镇化率 60% 居五区之最	三大产业结构失调，第二产业规模过大，从业人员比例高（61%），污染物排放大，第三产业发展缓慢；化工工业规模过大，存在严重的环境污染

第4章

太湖流域污染源状况

4.1 污染源调查技术路线

　　根据太湖流域六大污染源（工业源、城镇生活源、农村生活源、养殖源、种植业源、船舶源，并且将城镇生活源、农村生活源和养殖源中的点源和面源区分开）的产生、排放和入河途径，计算污染物排放量、入河量与入湖量的过程，如图4-1所示。图4-1中，排放量，指污染源排放至所在单元边界的污染物量；入河量，指污染源经过处理及沿程衰减后到达目标水体的污染物量；入湖量，指陆域污染物经入湖河道等流入到湖泊的污染物量。

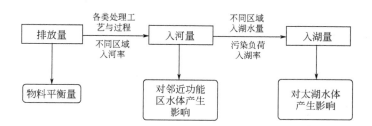

图 4-1　污染物排放量、入河量与入湖量过程示意

注：1. 排放量：指污染源排放至所在单元边界的污染物量；

2. 入河量：指污染源经过处理及沿程衰减后到达目标水体的污染物量；

3. 入湖量：指陆域污染物经入湖河道等流入到湖泊的污染物量。

　　以流域水环境模型、入湖通量模型及入湖通量反演模型为预测日/年入湖总量及贡献率的定量化手段，在流域社会、经济及环境资料调查和收集分析的基础上，分析测算日/年入太湖总量及其贡献率，对太湖富营养化的产生过程具有较好的描述能力，从而为制定污染物的总量控制方案及污染物削减分配方案提供有效技术手段，为太湖流域污染物削减提供科学依据和技术支持，具体技术路线见图4-2。

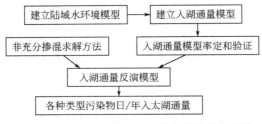

图4-2 日/年入湖总量及贡献率计算技术路线

4.2 工业源排放量与入河量

4.2.1 调查与计算方法

太湖流域江苏部分：普查的工业污染源达105000多家，行业分布主要集中在通用设备制造业，纺织业，金属制造业，专业设备制造业以及纺织服装、鞋、帽制造业等20个，占太湖流域江苏部分企业数的85.6%。太湖流域浙江部分：对39个行业总计约12000多家企业的地理位置、产值、排水去向、用水量、废水量以及COD和NH_4^+-N的产生量、排放量等10余项指标进行统计。为了解区域工业企业TN、TP的排放情况，江苏省环境保护厅在太湖流域选择1424家典型企业开展了工业源氮磷的补充调查，监测废水的TN、TP排放量，并计算了入河量。

工业污染源调查各量定义如下。

原始产生量：企业内部最初的污染物产生量，该产生量未经任何处理措施。

排放量a：企业内部处理后未经污水厂处理直排以及接入污水厂的污染物量，该排放量为仅经企业内部处理的一次排放量（直排＋污水厂处理前）。

排放量b：企业内部处理后企业未经污水厂处理直排以及接入污水厂处理之后排入水体的污染物排放量，该排放量为经企业内部处理后又经污水厂处理的二次排放量（直排＋污水厂处理后）。

在计算得到排放量a和排放量b的基础上，综合考虑入河系数，从而计算得到入河量。

4.2.2 排放量与入河量

调查与计算得到了原始产生量、排放量 a、排放量 b 和入河量的调查结果，详述如下。

4.2.2.1 原始产生量调查结果

根据 2007 年污染源调查数据，太湖流域 5 个控制区的工业污染物原始产生量统计结果见表 4-1。

表 4-1　工业总产值、用水总量、废水产生量及污染物原始产生量调查结果

二级分区		工业总产值 /万元	用水总量 /t	废水产生量 /t	COD /t	NH_4^+-N /t
湖西重污染控制区	句容市	1347264	19183425	4844775	1550.62	126.53
	丹徒区	1725291	582121744	12870116	12235.20	191.38
	丹阳市	7830559	112605221	24965550	19607.46	113.96
	金坛市	4140715	87797904	21211075	19548.68	798.15
	溧阳市	5118138	177552705	107137495	11919.72	504.39
	宜兴市	13710903	549861599	54347340	55147.20	12335.86
	高淳县	879882	54324402	32710768	2219.53	93.07
北部重污染控制区	常州市区	16994124	1673174949	103225545	112653.05	1381.98
	武进区	17846942	183692937	175302297	32792.73	170.48
	无锡市区	46069277	1249199829	241501219	184391.15	8059.29
	江阴市	34368991	1236139611	343952976	199456.14	635.29
	常熟市	19641910	1952444592	113422884	117012.14	1331.98
	张家港市	27043475	4870996725	278547467	117996.26	5716.19
东部污染控制区	苏州市区	51100783	1481067353	191689987	92332.69	981.28
	昆山市	38858266	133568018	88170101	46188.96	1733.45
	吴江市	18783607	405652042	126378691	85477.50	186.20
	太仓市	9589136	2829829959	38582666	76929.36	332.19
	青浦区 练塘镇	702980	1349600	160200	295.68	3.89
	青浦区 金泽镇	729910	1955200	928300	412.35	10.35
	青浦区 朱家角镇	773545	2881100	1053900	1428.52	14.84

续表

二级分区		工业总产值 /万元	用水总量 /t	废水产生量 /t	COD /t	NH_4^+-N /t
浙西污染 控制区	杭州市区	—	—	27182	53143	1282
	余杭区	—	—	7222	93496	1053
	临安市	—	—	3143	28099	217
	吴兴区	—	—	2655	35119	535
	南浔区	—	—	2313	21796	1439
	德清县	—	—	3855	35980	1684
	长兴县	—	—	3658	13051	57.1
	安吉县	—	—	1002	10774	453
南部太 浦污染 控制区	南湖区	—	—	4361	29065	3282
	秀洲区	—	—	6964	67688	385
	嘉善县	—	—	2619	26581	163
	海盐县	—	—	4673	31581	166
	海宁市	—	—	4873	115428	6975
	平湖市	—	—	2046	48007	266
	桐乡市	—	—	7564	94959	961

4.2.2.2 排放量a调查与测算结果

2007 年工业源污染物排放量 a 调查结果见表 4-2，工业源污染物排放量 a 按排放去向调查结果见表 4-3。按行业类别调查与测算的工业源污染物排放量 a 废水、COD 和 NH_4^+-N 排放量结果分别见表 4-4～表 4-6。

表 4-2 工业源污染物排放量 a 调查结果

二级分区		废水排放量 /(10^4t/a)	COD /(t/a)	NH_4^+-N /(t/a)
湖西重污 染控制区	句容市	454	1077.3	44.7
	丹徒区	405	1300.3	31.4
	丹阳市	1567	3912.3	65.5
	金坛市	1676	2944.3	76.6
	溧阳市	1714	2145.9	128.0
	宜兴市	2560	4815.1	291.2
	高淳县	530	713.4	29.3
北部重污 染控制区	常州市区	8286	44902.7	562.9
	武进区	7384	12469.8	129.6
	无锡市区	14715	35055.9	669.7
	江阴市	15076	69074.2	385.9
	常熟市	9234	33324.5	651.5
	张家港市	8940	19706.6	428.7

续表

二级分区		废水排放量 /(10⁴t/a)	COD /(t/a)	NH₄⁺-N /(t/a)
东部污染 控制区	苏州市区	15572	37572.6	604.1
	昆山市	8384	8841.4	1063.0
	吴江市	11072	50407.3	76.1
	太仓市	2827	6039.4	67.3
	青浦区练塘镇	161400	278.78	3.89
	青浦区金泽镇	601800	88.95	1.61
	青浦区朱家角镇	954700	505.69	3.18
浙西污染控制区	杭州市	7093	14600	442
	余杭区	3294	22066	128
	临安市	2104	3177	59
	湖州市	3875	12658	290
	德清县	3041	5278	452
	长兴县	2476	8570	31
	安吉县	730	2253	124
南部太浦 污染控制区	嘉兴市	7526	26775	1336
	嘉善县	2132	9381	74
	海盐县	1687	5964	36
	海宁市	4397	25596	1376
	平湖市	1564	5255	37
	桐乡市	4138	31407	534

表 4-3　工业源污染物排放量 a 按排放去向调查结果

二级分区		污水处理厂			直排		
		废水 /(10⁴t/a)	COD /(t/a)	NH₄⁺-N /(t/a)	废水 /(10⁴t/a)	COD /(t/a)	NH₄⁺-N /(t/a)
湖西重污 染控制区	句容市	0.8	4.1	0.0	453	1073.2	44.7
	丹徒区	46	94.7	5.2	359	1205.6	26.2
	丹阳市	22	332.8	4.1	1544	3579.5	61.4
	金坛市	334	826.5	33.1	1341	2117.9	43.6
	溧阳市	33	108.4	13.0	1681	2037.5	115.0
	宜兴市	1154	2485.5	131.0	1406	2329.6	160.2
	高淳县	34	122.0	2.5	497	591.4	26.9

续表

二级分区		污水处理厂			直排		
		废水 /(10⁴t/a)	COD /(t/a)	NH₄⁺-N /(t/a)	废水 /(10⁴t/a)	COD /(t/a)	NH₄⁺-N /(t/a)
北部重污染控制区	常州市区	4714	38058.7	190.6	3572	6844.0	372.2
	武进区	1592	8380.7	14.5	5792	4089.1	115.1
	无锡市区	4834	26071.6	317.3	9881	8984.4	352.4
	江阴市	7334	63229.9	304.4	7742	5844.3	81.6
	常熟市	3252	26538.6	372.0	5982	6786.0	279.5
	张家港市	1497	13129.4	123.0	7443	6577.3	305.7
东部污染控制区	苏州市区	7774	29457.6	293.2	7798	8115.0	310.9
	昆山市	966	2392.6	116.6	7418	6448.7	946.4
	吴江市	4417	35489.6	40.5	6655	14917.8	35.6
	太仓市	379	714.3	11.7	2448	5325.1	55.7
	青浦区练塘镇	12.90	223.02	3.11	3.22	55.76	0.78
	青浦区金泽镇	32.62	48.21	0.87	27.56	40.74	0.74
	青浦区朱家角镇	64.46	341.42	2.15	31.01	164.26	1.03
浙西污染控制区	杭州市	4372	11079	442	2721	5775	121
	余杭区	973	14439	128	2321	4830	102
	临安市	539	1059	58.9	1565	288	14.0
	湖州市	1303	6884	290	2572	5775	162
	德清县	193	448	452	2849	4830	432
	长兴县	2350	8282	30.7	126	288	3.74
	安吉县	36	94.8	124	694	2158	120
南部太浦污染控制区	嘉兴市	4457	19070	1336	3069	7705	45
	嘉善县	982	5018	73.7	1150	4363	40.8
	海盐县	673	3795	35.6	1014	2169	12.9
	海宁市	3186	14965	1376	1211	10631	38.1
	平湖市	1010	3405	36.9	554	1850	24.7
	桐乡市	1994	21898	534	2144	9509	78.9

表 4-4 工业源污染物排放量 a 按行业类别调查废水排放量结果

二级分区		废水排放量/(t/a)						
		纺织业	化工业	造纸业	钢铁业	电镀业	食品业	其他
湖西重污染控制区	句容市	94.1	63.0	4.9	24.7	20.3	1.1	245.7
	丹徒区	0.5	316.2	0.0	3.0	2.1	5.7	78.0
	丹阳市	116.2	685.3	86.5	52.1	214.7	1.2	410.9
	金坛市	564.9	827.9	81.4	4.7	25.1	43.9	127.6
	溧阳市	357.4	577.0	2.6	114.3	40.8	156.0	465.6
	宜兴市	1194.1	572.6	18.4	25.1	16.1	249.8	483.6
	高淳县	28.0	358.1	1.8	0.9	2.7	19.5	119.1
北部重污染控制区	常州市区	3700.4	2157.0	354.3	89.5	177.9	120.8	1685.9
	武进区	1708.5	1634.7	8.4	2795.5	117.2	160.9	958.8
	无锡市区	3535.2	1139.8	422.1	1061.7	410.6	397.6	7748.1
	江阴市	7436.1	964.2	823.4	4340.7	300.7	69.7	1141.1
	常熟市	4632.7	569.0	2059.6	223.3	189.3	44.3	1515.8
	张家港市	3296.3	754.8	505.0	681.2	68.2	447.8	3187.3
东部污染控制区	苏州市区	3427.5	1338.5	1226.9	3424.1	1021.2	390.4	4743.8
	昆山市	1276.1	3031.3	301.3	22.4	351.7	129.1	3272.2
	吴江市	10026.2	294.7	17.5	30.1	59.4	54.7	589.1
	太仓市	475.6	488.5	841.6	22.7	121.8	59.8	817.4
	青浦区练塘镇	—	4120	11200.00	27810	—	41773	70272
	青浦区金泽镇	37443	182675	6469	10753	—	15417	346335
	青浦区朱家角镇	639679	13802	640	19500	—	240000	20727
浙西污染控制区	杭州市	810.0	766.2	974.5	1135	28.7	925	2453.7
	余杭区	1782.6	118.5	685.6	17.7	57.0	154.7	477.7
	临安市	294.6	239.0	1236.9	2.4	29.0	50.3	252.3
	湖州市	2207.5	544.5	32.6	80.7	42.9	92.3	874.8
	德清县	351.0	1733.1	647.4	12.6	27.5	106.4	163.6
	长兴县	2125.1	8.5	0.0	0.0	0.0	7.5	335.4
	安吉县	96.1	106.2	403.6	0.1	8.5	60.3	55.2
南部太浦污染控制区	嘉兴市	5715.4	445.3	670.9	0.4	63.3	102.6	528.0
	嘉善县	1207.5	62.5	276.6	6.9	36.3	124.7	417.8
	海盐县	572.2	25.4	758.6	8.0	55.6	56.8	209.9
	海宁市	2400.8	348.9	364.4	41.1	78.7	148.9	1013.8
	平湖市	221.6	248.6	634.5	3.8	27.9	28.2	398.9
	桐乡市	2471.2	740.8	68.6	1.6	9.5	62.8	783.9

表 4-5　工业源污染物排放量 a 按行业类别调查 COD 排放量结果

二级分区		COD/（t/a）						
		纺织业	化工业	造纸业	钢铁业	电镀业	食品业	其他
湖西重污染控制区	句容市	221.19	239.76	18.80	100.58	21.64	18.13	457.20
	丹徒区	0.53	1070.92	0.00	10.88	12.97	67.41	137.53
	丹阳市	531.79	954.90	73.49	123.36	534.97	14.46	1679.3
	金坛市	882.65	1249.02	91.17	10.29	26.51	536.63	148.07
	溧阳市	469.05	575.82	36.66	124.68	81.05	410.23	448.36
	宜兴市	2106.91	875.38	714.96	41.73	10.74	553.86	511.55
	高淳县	26.19	412.00	3.44	2.00	2.02	146.78	120.93
北部重污染控制区	常州市区	36536.32	4799.61	500.23	134.23	140.49	253.01	2538.8
	武进区	7521.38	2519.42	72.98	1172.72	152.56	337.21	693.52
	无锡市区	24705.37	1948.81	479.94	926.47	1532.48	1144.52	4318.3
	江阴市	51608.61	11422.57	1174.62	2178.59	345.83	833.67	1510.3
	常熟市	26386.14	2379.27	2295.36	206.41	411.71	255.39	1390.3
	张家港市	13252.56	2077.15	788.14	583.48	169.83	611.39	2224.1
东部污染控制区	苏州市区	20835.48	1790.03	1162.98	2101.27	1835.29	1069.70	8777.9
	昆山市	2361.67	3560.21	175.09	29.61	312.01	189.93	2212.9
	吴江市	46761.25	1039.56	28.39	95.63	45.09	401.41	2036.0
	太仓市	1217.48	1009.40	1388.44	58.71	692.05	405.41	1267.9
	青浦区练塘镇	—	2.61	0.10	3.08	—	166.8	106.19
	青浦区金泽镇	12.03	2.57	1.04	1.69	—	33.97	37.60
	青浦区朱家角镇	420.63	22.98	0.10	0.54	—	58.29	2.43
浙西污染控制区	杭州市	2102.6	2278.9	1911	755.9	220.6	3784.9	3546.5
	余杭区	18038.7	390.3	1699.6	11.5	167.9	812.0	946.4
	临安市	438.3	498.6	1382.7	1.9	43.0	488.0	325.0
	湖州市	10105.7	492.0	41.3	31.3	140.0	784.4	1063.7
	德清县	723.6	2906.8	809.4	63.3	82.3	367.9	325.0
	长兴县	8175.4	54.9	0.0	0.0	0.0	133.7	205.5
	安吉县	248.0	211.1	564.8	0.2	15.2	359.8	854.0

续表

二级分区		COD/(t/a)						
		纺织业	化工业	造纸业	钢铁业	电镀业	食品业	其他
南部太浦污染控制区	嘉兴市	22297.7	1973.8	873.5	2.3	215.2	595.9	816.5
	嘉善县	4916.3	460.8	1746.0	30.4	273.8	243.8	1709.9
	海盐县	1172.3	238.1	1650.7	6.3	1504.5	500.2	892.2
	海宁市	9362.3	1943.8	1279.7	56.2	390.7	8650.1	3912.8
	平湖市	970.9	386.5	2050.8	2.0	46.6	918.2	879.8
	桐乡市	19235.6	1664.9	83.8	4.8	66.5	3373.1	6978.5

表4-6　工业源污染物排放量a按行业类别调查 NH$_4^+$-N 排放量结果

二级分区		NH$_4^+$-N/(t/a)						
		纺织业	化工业	造纸业	钢铁业	电镀业	食品业	其他
湖西重污染控制区	句容市	0.00	36.48	0.00	0.00	0.00	0.13	8.11
	丹徒区	0.00	6.27	0.00	0.00	0.00	2.33	22.84
	丹阳市	2.88	27.45	0.00	0.08	0.00	0.36	34.74
	金坛市	0.00	53.32	0.00	0.00	0.02	14.95	8.35
	溧阳市	0.00	68.51	0.00	0.00	2.35	33.71	23.41
	宜兴市	0.20	142.38	0.00	0.80	1.28	98.51	48.03
	高淳县	0.02	25.96	0.00	0.00	0.00	3.33	0.00
北部重污染控制区	常州市区	48.31	339.20	0.36	3.18	1.07	22.20	148.54
	武进区	1.86	96.19	0.25	13.47	1.18	7.98	8.70
	无锡市区	12.70	342.97	7.13	2.92	5.77	126.61	171.61
	江阴市	234.71	56.97	9.32		8.40	19.95	56.58
	常熟市	271.21	106.13	41.05	6.00	2.24	160.78	64.13
	张家港市	115.02	92.63	21.44	26.86	2.32	93.41	77.00
东部污染控制区	苏州市区	6.93	232.89	15.03	177.06	20.70	37.70	113.80
	昆山市	83.95	754.20	11.88	2.11	16.38	8.35	186.13
	吴江市	1.34	37.67	0.00	0.17	0.00	11.59	25.33
	太仓市	0.99	36.43	0.21	0.01	9.35	11.80	8.54
	青浦区练塘镇	—	0.05	—	—	—	3.84	0
	青浦区金泽镇	—	—	—	—	—	0.43	1.18
	青浦区朱家角镇	0.03	0.38	0.01	0.04	—	2.70	0.02

二级分区		$NH_4^+-N/(t/a)$						
		纺织业	化工业	造纸业	钢铁业	电镀业	食品业	其他
浙西污染控制区	杭州市	104.3	44.8	41.5	39.6	1.8	88.8	121.5
	余杭区	53.9	40.1	4.8	0.2	0.8	23.2	4.9
	临安市	0.0	48.2	0.0	0.0	0.0	7.7	3.0
	湖州市	172.3	47.5	0.0	2.1	0.0	8.4	59.9
	德清县	4.6	390.7	1.6	0.0	0.0	24.6	31.0
	长兴县	24.1	1.4	0.0	0.0	0.0	2.8	2.5
	安吉县	14.4	100.7	0.0	0.0	0.0	7.1	2.0
南部太浦污染控制区	嘉兴市	237.0	955.2	62.8	0.0	1.3	25.2	54.3
	嘉善县	7.7	41.0	3.8	0.0	0.7	8.9	11.6
	海盐县	0.0	4.3	0.0	0.0	0.0	30.7	0.6
	海宁市	12.7	223.5	0.0	1.5	0.0	14.5	1124.1
	平湖市	0.0	5.2	9.4	0.0	0.0	9.3	13.0
	桐乡市	0.0	25.7	0.0	0.0	0.0	6.6	501.7

为了解区域工业企业 TP、TN 的排放情况，江苏省环境保护厅在太湖流域选择1424家典型企业开展了工业源的补充调查，监测废水的 TP、TN 排放浓度。

工业源污染物排放量 aTP 和 TN 排放浓度调查结果见表4-7，工业源污染物 TP 和 TN 排放量 a 按行业类别测算结果见表4-8、表4-9。

表4-7　工业源污染物排放量 aTP 和 TN 排放浓度调查结果

行业类别	样品数	排放浓度/(mg/L)	
		TP 均值	TN 均值
纺织业	143	0.91	14.09
化工业	590	0.96	29.61
造纸业	24	0.32	9.48
钢铁业	47	0.55	10.96
电镀业	84	1.14	39.50
食品业	54	1.19	32.01
其他	482	1.40	16.39

表 4-8 工业源污染物 TP 排放量 a 按行业类别测算结果

二级分区		TP/(t/a)						
		纺织业	化工业	造纸业	钢铁业	电镀业	食品业	其他
湖西重污染控制区	句容市	0.86	0.60	0.02	0.14	0.23	0.01	3.43
	丹徒区	0.00	3.03	0.00	0.02	0.02	0.07	1.09
	丹阳市	1.06	6.57	0.28	0.29	2.44	0.01	5.74
	金坛市	5.14	7.94	0.26	0.03	0.29	0.52	1.78
	溧阳市	3.25	5.54	0.01	0.63	0.46	1.86	6.50
	宜兴市	10.86	5.49	0.06	0.14	0.18	2.97	6.75
	高淳县	0.25	3.44	0.01	0.01	0.03	0.23	1.66
北部重污染控制区	常州市区	33.65	20.69	1.14	0.49	2.03	1.44	23.54
	武进区	15.54	15.68	0.03	15.39	1.33	1.91	13.39
	无锡市区	32.15	10.93	1.36	5.84	4.68	4.73	108.18
	江阴市	67.62	9.25	2.65	23.89	3.42	0.83	15.93
	常熟市	42.13	5.46	6.63	1.23	2.16	0.53	21.16
	张家港市	29.98	7.24	1.63	3.75	0.78	5.33	44.50
东部污染控制区	苏州市区	31.17	12.84	3.95	18.85	11.63	4.65	66.23
	昆山市	11.60	29.08	0.97	0.12	4.00	1.54	45.69
	吴江市	91.17	2.83	0.06	0.17	0.68	0.65	8.22
	太仓市	4.33	4.69	2.71	0.12	1.39	0.71	11.41
	青浦区练塘镇	0.000	0.002	0.018	0.011	—	0.109	0.122
	青浦区金泽镇	0.050	0.108	0.010	0.004		0.040	0.603
	青浦区朱家角镇	0.851	1.380	0.064	1.950	—	24.000	2.073
浙西污染控制区	杭州市	7.37	7.36	3.12	6.24	0.33	11.01	34.35
	余杭区	16.22	1.14	2.19	0.10	0.65	1.84	6.69
	临安市	2.68	2.29	3.96	0.01	0.33	0.60	3.53
	湖州市	20.09	5.23	0.10	0.44	0.49	1.10	12.25
	德清县	3.19	16.64	2.07	0.07	0.31	1.27	2.29
	长兴县	19.34	0.08	0.00	0.00	0.00	0.09	4.70
	安吉县	0.87	1.02	1.29	0.00	0.10	0.72	0.77
南部太浦污染控制区	嘉兴市	52.01	4.27	2.15	0.00	0.72	1.22	7.39
	嘉善县	10.99	0.60	0.89	0.04	0.41	1.48	5.85
	海盐县	5.21	0.24	2.43	0.04	0.63	0.68	2.94
	海宁市	21.85	3.35	1.17	0.23	0.90	1.77	14.19
	平湖市	2.02	2.39	2.03	0.02	0.32	0.34	5.58
	桐乡市	22.49	7.11	0.22	0.01	0.11	0.75	10.97

表 4-9 工业源污染物 TN 排放量 a 按行业类别测算结果

二级分区		纺织业	化工业	造纸业	钢铁业	电镀业	食品业	其他
		TN/(t/a)						
湖西重污染控制区	句容市	13.26	18.66	0.47	2.71	8.02	0.35	40.27
	丹徒区	0.07	93.60	0.00	0.32	0.81	1.84	12.79
	丹阳市	16.38	202.90	8.20	5.71	84.81	0.38	67.34
	金坛市	79.60	245.11	7.72	0.52	9.93	14.05	20.91
	溧阳市	50.36	170.82	0.25	12.53	16.13	49.92	76.31
	宜兴市	168.27	169.53	1.75	2.76	6.35	79.96	79.26
	高淳县	3.94	106.03	0.17	0.10	1.06	6.25	19.52
北部重污染控制区	常州市区	521.44	638.60	33.58	9.81	70.30	38.66	276.31
	武进区	240.75	483.98	0.80	306.41	46.28	51.49	157.15
	无锡市区	498.16	337.45	40.01	116.37	162.31	127.26	1269.89
	江阴市	1047.86	285.46	78.04	475.78	118.78	22.32	187.02
	常熟市	652.81	168.45	195.23	24.48	74.78	14.18	248.43
	张家港市	464.49	223.46	47.86	74.67	26.93	143.32	522.38
东部污染控制区	苏州市区	482.99	396.27	116.28	375.31	403.42	124.95	777.49
	昆山市	179.82	897.48	28.56	2.46	138.95	41.31	536.31
	吴江市	1412.83	87.24	1.66	3.30	23.45	17.51	96.55
	太仓市	67.02	144.62	79.77	2.49	48.10	19.14	133.96
	青浦区练塘镇	0.000	0.025	0.077	0.220	—	1.020	0.936
	青浦区金泽镇	0.492	1.096	0.045	0.085	—	0.376	4.613
	青浦区朱家角镇	8.399	0.083	0.004	0.154	—	5.861	0.276
浙西污染控制区	杭州市	114.13	226.87	92.38	124.35	11.33	296.14	402.15
	余杭区	251.16	40.20	64.99	1.94	22.53	49.52	78.30
	临安市	41.51	70.78	117.25	0.26	11.47	16.11	41.35
	湖州市	311.03	161.23	3.09	8.84	16.94	29.55	143.37
	德清县	49.45	513.16	61.37	1.38	10.84	34.04	31.10
	长兴县	299.43	2.50	0.00	0.00	0.00	2.90	54.98
	安吉县	14.42	100.70	38.26	0.01	3.35	19.31	9.05

续表

二级分区		TN/(t/a)						
		纺织业	化工业	造纸业	钢铁业	电镀业	食品业	其他
南部太浦污染控制区	嘉兴市	805.29	955.30	63.60	0.05	25.01	32.85	86.55
	嘉善县	170.14	41.10	26.22	0.76	14.32	39.90	68.48
	海盐县	80.62	7.53	71.92	0.87	21.97	30.80	34.41
	海宁市	338.28	223.60	34.54	4.50	31.08	47.67	1124.20
	平湖市	31.22	73.62	60.15	0.42	11.04	9.40	65.37
	桐乡市	348.19	219.35	6.50	0.17	3.74	20.12	501.80

根据各区县工业废水排放量、COD 和 NH_4^+-N 的统计结果（表 4-3）以及按照补充监测结果测算的 TN 和 TP 的结果（表 4-8、表 4-9)汇总得太湖流域工业源污染物排放量 a 见表 4-10。

表 4-10　工业源污染物排放量 a 汇总结果

二级分区		废水排放量/(t/a)	污染物量/(t/a)			
			COD	NH_4^+-N	TN	TP
湖西重污染控制区	句容市	454	1077.3	44.7	83.73	5.29
	丹徒区	405	1300.3	31.4	109.44	4.24
	丹阳市	1567	3912.3	65.5	385.70	16.39
	金坛市	1676	2944.3	76.6	377.84	15.96
	溧阳市	1714	2145.9	128.0	376.33	18.24
	宜兴市	2560	4815.1	291.2	507.87	26.46
	高淳县	530	713.4	29.3	137.07	5.63
北部重污染控制区	常州市区	8286	44902.7	562.9	1588.70	82.98
	武进区	7384	12469.8	129.6	1286.85	63.27
	无锡市区	14715	35055.9	669.7	2551.44	167.87
	江阴市	15076	69074.2	385.9	2215.26	123.60
	常熟市	9234	33324.5	651.5	1378.35	79.30
	张家港市	8940	19706.6	428.7	1503.12	93.20

续表

二级分区		废水排放量/(t/a)	污染物量/(t/a)			
			COD	NH₄⁺-N	TN	TP
东部污染控制区	苏州市区	15572	37572.6	604.1	2676.71	149.31
	昆山市	8384	8841.4	1063.0	1824.88	93.01
	吴江市	11072	50407.3	76.1	1642.54	103.78
	太仓市	2827	6039.4	67.3	495.10	25.36
	青浦区练塘镇	155175	278.78	3.89	2.278	0.262
	青浦区金泽镇	599092	88.9	1.61	6.707	0.815
	青浦区朱家角镇	934348	504.97	3.18	14.777	30.318
浙西污染控制区	杭州市	7093	14600	442	1267	69.77
	余杭区	3294	22066	128	509	28.83
	临安市	2104	3177	59	299	13.41
	湖州市	3875	12658	290	674	39.70
	德清县	3041	5278	452	701	25.84
	长兴县	2476	8570	31	360	24.20
	安吉县	730	2253	124	185	4.77
南部太浦污染控制区	嘉兴市区	7526	26775	1336	1969	67.77
	嘉善县	2132	9381	74	361	20.26
	海盐县	1687	5964	36	248	12.17
	海宁市	4397	25596	1376	1804	43.45
	平湖市	1564	5255	37	251	12.69
	桐乡市	4138	31407	534	1100	41.66

4.2.2.3　排放量 b 与入河量调查与测算结果

　　根据 2007 年太湖流域（江苏部分）污水处理厂污染物排放浓度的调查情况，计算各分区污水处理厂排口平均浓度见表 4-11。

表 4-11 太湖流域（江苏部分）污水处理厂排口平均浓度

单位：mg/L

二级分区	县级行政区	COD	NH_4^+-N	TN	TP
湖西重污染控制区	句容市	60.00	4.70	16.00	0.60
	丹徒区	60.00	4.70	16.00	0.60
	丹阳市	60.00	5.00	20.00	1.00
	金坛市	60.00	5.00	20.00	1.00
	溧阳市	42.24	2.96	12.14	0.23
	宜兴市	79.57	5.85	16.17	0.53
	高淳县	60.00	4.70	16.00	0.60
北部重污染控制区	常州市区	60.00	5.00	20.00	1.00
	武进区	47.49	4.91	16.19	0.31
	无锡市区	45.74	3.60	16.42	0.57
	江阴市	64.20	4.42	12.42	0.43
	常熟市	45.21	4.05	18.56	0.51
	张家港市	36.23	3.29	20.97	0.84
东部污染控制区	苏州市区	37.76	8.89	20.55	0.74
	昆山市	36.28	3.37	8.40	0.45
	吴江市	50.49	2.07	8.57	0.24
	太仓市	43.81	5.44	15.02	0.88

根据表 4-3 中统计的排入污水厂的废水量，利用表 4-11 的值测算各分区经污水厂处理后排放的工业废水量见表 4-12。

表 4-12 太湖流域（江苏部分）污水处理厂排放工业废水量

二级分区	县级行政区	废水排放量/(t/a)	污染物量/(t/a)			
			COD	NH_4^+-N	TN	TP
湖西重污染控制区	句容市	8000	0.48	0.04	0.00	0.13
	丹徒区	461703	27.70	2.17	0.28	7.39
	丹阳市	223539	13.41	1.12	0.22	4.47
	金坛市	3343406	200.60	16.72	3.34	66.87
	溧阳市	330675	13.97	0.98	0.08	4.01
	宜兴市	11540686	918.30	67.55	6.10	186.61
	高淳县	336230	20.17	1.58	0.20	5.38
	小计	16244238	1194.65	90.15	10.22	274.85

续表

二级分区	县级行政区	废水排放量/(t/a)	污染物量/(t/a)			
			COD	NH$_4^+$-N	TN	TP
北部重污染控制区	常州市区	47137686	2828.26	235.69	47.14	942.75
	武进区	15917091	755.98	78.16	4.99	257.77
	无锡市区	48338896	2210.96	173.95	27.43	793.86
	江阴市	73337993	4708.61	324.14	31.39	910.85
	常熟市	32517083	1470.07	131.82	16.60	603.47
	张家港市	14973991	542.48	49.26	12.65	314.07
	小计	232222741	12516.36	993.01	140.20	3822.78
东部污染控制区	苏州市区	77741039	2935.50	691.12	57.53	1597.58
	昆山市	9664253	350.62	32.57	4.35	81.18
	吴江市	44165955	2229.94	91.42	10.60	378.50
	太仓市	3792104	166.13	20.63	3.34	56.96
	小计	135363351	5682.19	835.74	75.81	2114.22

　　根据2007年太湖流域浙江部分污水处理厂污染物排放量的调查情况，计算浙江部分污水处理厂污染物削减量，如表4-13所列。

表4-13　太湖流域（浙江部分）污水处理厂污染物削减量

	COD削减量/(t/a)			
	进口总量	工业	削减总量	工业
杭州市	137260	26577.7	136501.2	26430.8
湖州市	38965.4	15708.3	33950	13445.4
嘉兴市	116853.2	68151.2	112409.1	65559.3
	NH$_4^+$-N削减量/(t/a)			
	进口总量	工业	削减总量	工业
杭州市	12301.5	391.5	12216	388.8
湖州市	1421.1	180.1	1078.5	134.8
嘉兴市	11978.8	3151.9	11539.4	3036.3
	TN削减量/(t/a)			
	进口总量	工业	削减总量	工业
杭州市	9388	1136	5181	627
湖州市	1008	631	633	397
嘉兴市	17433	1938	9221	1025

续表

	TP 削减量/(t/a)			
	进口总量	工业	削减总量	工业
杭州市	2893	56	2456	48
湖州市	86	38	68	30
嘉兴市	308	112	263	96

注：工业削减量涵盖太湖流域浙江部分进入污水处理厂的工业行业，不包括未纳管或未进入污水处理厂的工业行业。

排放量 b（入河量）汇总结果：汇总各控制区工业源直排污染物量及经过污水厂处理后排放的工业污染物量见表 4-14。结果表明，2007 年太湖流域的 5 个污染控制区 COD 排放总量为 17.4×10^4 t，NH_4^+-N 排放总量为 6610t，TN 排放总量为 26592t，TP 排放量为 1163t。

表 4-14 工业污染物排放量 b 汇总结果 单位：t/a

分区名称	县级行政区	COD	NH_4^+-N	TP	TN
湖西重污染控制区	句容市	1074	45	5	84
	丹徒区	1233	28	4	104
	丹阳市	3593	63	16	385
	金坛市	2318	60	16	369
	溧阳市	2051	116	18	373
	宜兴市	3248	228	21	466
	高淳县	612	28	5	134
	小计	14129	568	86	1914
北部重污染控制区	常州市区	9672	608	83	1628
	武进区	4845	193	55	1267
	无锡市区	11195	526	140	2507
	江阴市	10553	406	95	2048
	常熟市	8256	411	68	1496
	张家港市	7120	355	90	1565
	小计	51641	2500	531	10512

续表

分区名称	县级行政区	COD	NH₄⁺-N	TP	TN
东部污染控制区	苏州市区	11051	1002	132	2938
	昆山市	6799	979	87	1696
	吴江市	17148	127	73	1366
	太仓市	5491	76	25	486
	小计	40489	2184	317	6485
浙西污染控制区	杭州市	13413	240	1448	64
	余杭区				
	临安市				
	湖州市	15314	763	1524	64
	德清县				
	长兴县				
	安吉县				
南部太浦污染控制区	嘉兴市	38819	356	4708	102
	嘉善县				
	海盐县				
	海宁市				
	平湖市				
	桐乡市				
合计		173805	6610	26592	1163

4.2.2.4 工业污染源分区排放特征

工业污染源分区特征见表 4-15。其中，北部重污染控制区工业污染突出，排污量列居流域第一；化工业、纺织业污染贡献较大，对太湖水质影响较大。东部污染控制区工业污染较严重，排污量列居流域第二。

表 4-15 工业污染源分区特征

区名	区域范围	主要特征	主要环境问题
北部重污染控制区	常州市区、武进区，无锡市区、江阴市，常熟市、张家港市	工业发达，年排放废水 6.36356×10^8 t，其中 36.5% 接入污水处理厂。纺织业 COD 比重较大，占 75%；化工业、纺织业氨氮比重较大，分别占 37%、24%；纺织业、化工业 TN 比重较大，各占 33%、20%；纺织业、化工业 TP 比重较大，分别占 36%、11%；各县市污染排放量均较大	工业污染突出，排污量列居流域第一；化工、纺织业污染贡献较大，对太湖水质影响较大

续表

区名	区域范围	主要特征	主要环境问题
湖西重污染控制区	丹徒区、丹阳市、句容市、金坛市、溧阳市、宜兴市、高淳县	太湖主要入湖河流的小流域,年排放工业废水 $8.9054 \times 10^7 t$,其中 18.2% 接入污水处理厂。化工业、纺织业 COD 比重较大,分别占 32%、25%;化工业、食品业 NH_4^+-N 比重较大,分别占 54%、23%;化工业、纺织业 TN 比重较大,分别占 51%、17%;化工业、纺织业 TP 比重较大,分别占 35%、23%;污染物主要分布在丹阳市、金坛市、溧阳市、宜兴市	工业污水接管率较低,化工污染贡献最大,对太湖水质影响较大
浙西污染控制区	杭州市区、余杭市、临安市、湖州市区、德清县、长兴县、安吉县	工业污染物排放以氨氮为主,工业氨氮排放量占杭嘉湖地区总量的 73.8%;污染行业以纺织业、农副食品加工业、皮革、毛皮、羽毛(绒)及其制品业、造纸及纸制品业、化学原料及化学制品制造业为主,此五个行业的 COD 排放量占 89%,氨氮排放量占 97%	与南部太浦污染控制区比,浙西污染控制区氨氮污染贡献率较高,重污染行业相对集中
南部太浦污染控制区	嘉兴市区、嘉善县、海盐县、海宁市、平湖市、桐乡市	工业污染物排放以 COD 为主,工业 COD 排放量占杭嘉湖地区工业 COD 排放总量的 57%;污染行业以纺织业、造纸及纸制品业、化学原料及化学制品制造业、农副食品加工业和饮料制造业为主,此五个行业的 COD 排放量占 82%,氨氮排放量占 78%	与浙西污染控制区比,南部太浦污染控制区 COD 污染贡献率较高、经济环境协调性较差;水环境质量较差,嘉兴河网水质以 V 类、劣 V 类水体为主,占断面总数 89.5%;运河水系全为 V 类、劣 V 类水体
东部污染控制区	苏州市区、昆山市、吴江市、太仓市,青浦区练塘镇、朱家角镇、金泽镇	太湖主要出流区,年排放工业废水 $3.78555 \times 10^8 t$,其中 35.8% 接入污水处理厂。纺织业 COD 比重较大,占 69%;化工业氨氮比重较大,占 59%;纺织业、化工业 TN 比重较大,分别占 32%、23%;纺织业、化工业 TP 比重较大,分别占 37%、13%;污染物主要分布在苏州市区、昆山市、吴江市	工业污染较严重,排污量列居流域第二;纺织、化工工业污染贡献较大

据调查,截至 2009 年年底,3 年左右共关闭小型化工企业 3317 家,其中 2009 年关闭 216 家。据太湖水污染防治办公室提供,2009 年组织实

施工业点源治理"511"工程。476 家工业企业开展提标改造工作，100 家企业开展强制性清洁生产审核，28 家工业企业开展中水回用示范。随着产业结构不断优化升级，两省一市大力推进产业结构的调整和升级，执行了严于全国其他地区的 13 个重点行业特别排放标准和造纸行业水污染物排放新标准。2011 年，杭嘉湖地区累计关停并转重污染企业 82 家，并确定 112 家企业实施强制性清洁生产审核。

4.3 城镇生活源排放量与入河量

4.3.1 调查与计算方法

对流域内城镇污水处理厂的数量、名称、规模、污水量、污染物（COD、TN、TP、NH_4^+-N 等）排放量进行调查、核实和整理，绘制污水处理厂空间分布图。

4.3.1.1 城镇人口现状

通过查找研究范围内各地区统计年鉴，确定各地城镇人口分布情况，如表 4-16 所列。

表 4-16 太湖流域户籍人口和常住人口分布

县（区）级行政区	年末户籍人口/万人	年末常住人口/万人
崇安区	18.704	24.2726
南长区	33.3207	43.2410
北塘区	25.8141	33.4995
锡山区	40.1573	52.1130
惠山区	39.8931	51.7701
滨湖区	47.2156	61.2727
无锡新区	30.8162	39.9909
江阴	119.7703	155.4285
宜兴	106.05	137.6234
天宁区	37.2954	55.9200
钟楼区	34.7162	47.5100

续表

县（区）级行政区	年末户籍人口/万人	年末常住人口/万人
戚墅堰区	8.0778	10.2800
新北区	42.8878	55.6200
武进区	101.7415	137.4900
溧阳	77.6259	74.0100
金坛	55.0391	54.4000
沧浪区	32.2922	45.6186
平江区	23.2393	32.8297
金阊区	21.0492	29.7358
虎丘区（高新区）	32.0729	51.0329
吴中区	59.1808	97.3408
相城区	36.1082	58.8482
工业园区	31.3593	49.6593
常熟市	106.141	156.8410
张家港市	89.3039	126.6239
昆山市	67.9846	143.2846
吴江市	79.3172	124.6772
太仓市	46.3825	72.5425
京口区	34.2887	38.0400
润州区	24.0928	28.2300
丹徒区	27.6617	29.1400
镇江新区	16.7782	19.9200
丹阳市	80.6142	92.9600
句容市	8.871	9.3750
高淳县	8.2152	8.2152
上城区	32.1557	38.3002
下城区	37.916	47.1352
江干区	43.9132	64.6223
拱墅区	31.399	49.0668
西湖区	58.197	67.8111
余杭区	82.6933	93.4589
临安市	26.2715	29.3309

续表

县(区)级行政区	年末户籍人口/万人	年末常住人口/万人
南湖区	46.7771	57.9933
秀洲区	35.2053	48.6316
嘉善县	38.1333	52.2513
海盐县	36.7628	41.3977
海宁市	64.8694	74.5231
平湖市	48.3651	64.8025
桐乡市	66.7003	79.0004
吴兴区	59.1807	73.5513
南浔区	49.2317	61.1864
德清县	42.5274	52.8541
长兴县	61.6027	76.5614
安吉县	45.2545	56.2434

4.3.1.2 污水收集及处理现状与主要问题

于 2009 年 5 月 22~27 日、6 月 29~7 月 6 日分两次对浙江湖州、江苏无锡、常州、武进、金坛、溧阳、宜兴和苏州等市的污水收集处理状况进行了调查。了解太湖流域重点污染区的各市的污水处理厂名称、位置等信息。具体位置分布见表 4-17。

表 4-17 流域污水处理厂分布

名称	中心经度/(°)	中心经度/(′)	中心经度/(″)	中心纬度/(°)	中心纬度/(′)	中心纬度/(″)
常州明亚环保有限公司	119	58	53	31	45	3
常州东南工业废水处理厂	120	1	13	31	44	40
常州龙澄污水处理厂	120	0	42	31	46	57
常州市排水管理处(丽华污水处理厂)	119	57	50	31	45	10
常州市排水管理处(清潭污水处理厂)	119	55	36	31	46	21
常州市排水管理处(戚墅堰污水处理厂)	120	3	54	31	42	57
常州市城北污水处理有限公司	119	59	10	31	49	52
常州市百丈污水处理有限公司	119	58	17	31	55	19
常州市排水管理处(江边污水处理厂)	119	59	0	31	56	50

续表

名称	中心经度/(°)	中心经度/(′)	中心经度/(″)	中心纬度/(°)	中心纬度/(′)	中心纬度/(″)
常州新区自来水排水公司	119	58	30	31	57	36
常州西源污水处理有限公司	119	48	38	31	57	45
常州市武进城区污水处理厂	119	58	55	31	43	42
常州市武进纺织工业园污水处理厂	119	59	13	31	43	44
常州市马杭污水处理厂	119	59	9	31	42	44
常州市湖塘污水处理厂	119	56	50	31	44	18
常州市牛塘污水处理有限公司	119	54	0	31	43	55
常州市前杨污水综合处理有限公司	120	5	47	31	42	46
常州同济泛亚污水处理有限公司	120	6	54	31	45	48
常州鹏鹋水务有限公司	120	5	50	31	30	25
常州市武进双惠环境工程有限公司	119	52	6	31	33	47
溧阳市污水处理有限公司	119	8	4	31	9	11
溧阳市盛康污水处理有限公司	119	26	37	31	16	28
溧阳市天目湖污水处理厂	119	31	38	31	29	20
金坛市第一污水处理厂	119	33	0	31	44	30
金坛市第二污水处理厂	119	36	24	31	45	45
金坛市培丰污水处理厂	119	29	54	31	44	29
苏州市城东污水处理厂	120	37	30	31	18	10
苏州市福星污水处理厂	120	35	40	31	18	20
苏州市娄江污水处理厂	120	31	18	31	18	10
苏州市城西污水处理厂	120	35	40	31	18	40
张家港市给排水公司(东区)	120	32	40	31	52	0
张家港市给排水公司第二污水处理厂(西区)	120	32	2	31	52	2
张家港市南丰给排水公司	120	40	7	31	52	48
张家港市乐余给排水有限公司	120	41	57	31	55	54
张家港市金港给排水有限公司	120	51	12	31	48	21
市格锐环境工程有限公司清泉水质净化厂	120	37	25	31	47	42
张家港市塘桥镇污水处理有限公司	120	38	18	31	48	58
吴江污水处理厂	120	60	12	31	19	13
吴江市七都污水处理厂	120	42	51	31	11	23

续表

名称	中心经度/(°)	中心经度/(′)	中心经度/(″)	中心纬度/(°)	中心纬度/(′)	中心纬度/(″)
吴江市七都污水处理厂（横扇站）	120	59	43	31	16	31
吴江市震泽镇污水处理厂	120	31	44	30	55	55
吴江市盛泽水处理发展有限公司	120	45	32	30	55	15
吴江市桃源污水处理厂	120	34	12	30	53	34
吴江经济开发区运东污水处理厂	120	40	56	31	10	23
苏州高新污水处理有限公司（新区污水处理厂）	120	34	0	31	17	0
苏州高新污水处理有限公司（新区第二污水处理厂）	120	34	0	31	17	40
苏州新区污水处理有限公司白荡污水厂	120	37	0	31	18	0
太仓市城区污水处理厂	120	5	0	31	27	0
太仓江城城市污水处理有限公司	121	12	43	31	36	12
张家港市大新镇污水处理有限公司	120	48	31	31	52	12
张家港市锦丰镇污水处理厂	120	38	40	31	58	4
钢村嘉园污水处理厂（南丰镇永联村）	120	40	7	31	52	48
吴江市平望镇污水处理厂	120	21	4	30	45	36
吴江市桃源镇铜罗东方污水处理有限公司	120	38	18	30	53	19
吴江市黎里污水处理厂	120	59	50	31	10	35
苏州市吴中区东山镇污水处理厂	129	54	49	30	56	38
吴江市运东邱舍污水处理有限公司	120	37	11	30	53	12
苏州鹏鹞水务有限公司	120	59	12	31	12	23
吴江市同里污水处理厂	120	37	24	30	53	26
苏州市渭塘综合污水处理厂	120	38	20	31	26	53
苏州市相城区东方污水处理有限公司	120	43	53	31	31	5
苏州市潘阳工业园污水处理有限公司	120	31	42	31	25	50
苏州市相城水务发展有限公司	120	37	27	31	23	51
苏州市相城区黄埭镇卫星村污水处理厂	120	36	4	31	28	3
太仓市水处理有限责任公司璜泾污水处理厂	121	2	55	31	38	52
苏州市相城区太平金澄污水处理厂	120	41	33	31	26	6
昆山新苑污水处理有限公司	121	58	2	31	22	15
昆山市正仪君子亭污水处理有限公司	120	51	12	31	28	48
昆山市北部污水厂	120	54	18	31	8	4

续表

名称	中心经度/(°)	中心经度/(′)	中心经度/(″)	中心纬度/(°)	中心纬度/(′)	中心纬度/(″)
昆山市花桥污水厂	121	5	20	31	17	38
昆山市周庄镇污水处理厂处理分站	120	58	2	31	32	25
昆山市巴城阳澄湖污水处理厂	120	51	12	31	28	48
昆山市周庄镇污水处理厂	120	58	2	31	32	25
陆家污水厂	120	58	2	31	22	75
昆山市巴城澄源污水处理厂	120	51	12	31	28	48
昆山市千灯污水处理有限公司	121	0	28	31	16	4
太仓市水处理有限责任公司双凤污水处理厂	121	2	38	31	31	47
太仓市水处理有限责任公司浏河污水处理厂	121	8	14	31	33	21
太仓市水处理有限责任公司沙溪污水处理厂	121	3	44	31	34	21
太仓港港口开发区污水处理厂有限公司	121	16	25	31	34	15
太仓再生资源进口加工区污水处理有限公司	121	10	11	31	33	20
太仓金源污水处理有限公司	121	6	36	31	27	14
常熟市淼泉振新污水处理厂	120	48	30	31	40	58
常熟氟化学工业园污水处理厂	120	47		31	48	
常熟市张桥集镇污水处理厂	120	35	10	31	35	50
吴淞江污水处理厂（昆山建邦环境投资有限公司）	120	55	28	31	19	13
昆山市巴城镇石牌污水处理厂	120	54	35	31	30	26
无锡市城北污水处理厂	130	19	40	31	36	42
无锡市芦村污水处理厂	120	18	38	31	30	52
无锡市太湖新城污水处理厂	119	31	1	30	7	1
无锡市锡山区污水处理厂	120	21	35	31	36	37
无锡后墅污水处理有限公司（原江苏红豆实业股份有限公司）	120	29	25	31	25	21
无锡中发水务投资有限公司	120	21	22	31	36	25
无锡市阳山镇陆区污水处理有限公司	120	4	46	31	35	26
无锡市中亚污水处理有限公司	120	13	55	31	44	27
无锡惠山水处理有限公司	120	17	5	31	40	4
无锡玉祁永新污水处理有限公司	120	11	59	31	43	26
江苏金麟环境科技有限公司	120	8	12	31	38	47

续表

名称	中心经度/(°)	中心经度/(′)	中心经度/(″)	中心纬度/(°)	中心纬度/(′)	中心纬度/(″)
无锡市万里污水处理厂	120	9	16	31	40	55
凯发新泉水务(无锡)有限公司	120	14	56	31	39	35
无锡市玉祁镇黄泥坝综合污水处理有限公司	120	9	16	31	41	38
无锡钱惠污水处理有限公司	120	13	35	31	37	40
无锡惠山环保水务有限公司(前洲厂)	120	13	14	31	40	47
无锡惠山环保水务有限公司(洛社厂)	120	10	26	31	38	58
无锡惠山环保水务有限公司(杨市厂)	120	7	43	31	37	11
无锡太湖国家旅游度假区污水处理厂	120	5	3	31	26	42
无锡胡埭污水处理有限公司	120	14	5	31	57	23
无锡德宝水务投资有限公司	120	23	31	31	30	46
无锡市高新水务有限公司新城水处理厂	120	22	1	31	3	10
无锡市高新水务有限公司梅村水处理厂	120	32	1	31	12	1
无锡市高新水务有限公司硕放水处理厂	120	26	4	31	28	57
江阴市周北污水处理有限公司	120	22	26	31	52	30
江阴华士水务有限公司	120	28	2	31	49	52
江阴市祝塘永昌污水处理有限公司	120	23	55	31	45	50
江阴市城市污水处理有限公司	120	16	35	31	50	56
江阴市华西民营集中区污水处理有限公司	120	25	48	31	48	53
江阴市利港污水处理有限公司	120	5	44	31	55	20
江阴市源通综合污水处理有限公司	120	14	40	31	45	50
光大水务(江阴)有限公司滨江污水处理厂	120	20	45	31	48	35
江阴市碧悦污水处理有限公司	120	24	9	31	50	47
江阴市清泉水处理有限公司	120	20	29	31	54	59
江阴双阳污水处理有限公司	120	25	54	31	50	11
江阴市暨阳水处理有限公司(红柳床单)	120	17	31	31	52	31
江阴金天污水处理有限公司	120	26	57	31	48	5
江阴华西华新针织品有限公司	120	24	45	31	49	49
光大水务(江阴)有限公司澄西污水处理厂	120	12	58	31	54	46
光大水务(江阴)有限公司石庄污水处理厂	120	0	27	31	56	0
江阴市云亭污水处理有限公司	120	20	43	31	51	44

续表

名称	中心经度/(°)	中心经度/(′)	中心经度/(″)	中心纬度/(°)	中心纬度/(′)	中心纬度/(″)
无锡民达环境工程有限公司	120	32	54	31	44	16
江阴市周西污水处理厂	120	22	19	31	51	41
江阴市华丰污水处理有限公司	120	28	16	31	51	20
江阴市金湾污水处理厂	120	24	5	31	52	12
江阴澄常污水处理有限公司	120	0	26	31	50	55
江阴市申港工业园区污水处理有限公司	119	8	45	30	53	30
无锡祝塘水务有限公司	120	23	50	31	45	35
江阴市峭岐综合污水处理有限公司	120	18	59	31	48	46
江阴市北国污水处理厂	120	33	41	31	46	41
江阴市华宏污水处理厂	120	23	56	31	49	55
江阴市月城综合污水处理有限公司	120	14	44	31	48	44
江阴市新桥污水处理有限公司	120	30	40	31	47	26
江阴市南闸综合污水处理有限公司	120	14	40	31	51	50
江阴市长泾综合污水处理有限公司	120	28	30	31	45	32
江阴市璜塘综合污水处理有限公司	120	24	25	31	46	20
江阴市周南污水处理有限公司	120	22	40	31	48	22
江阴市山泉污水处理厂	120	24	16	31	50	29
江阴市港虹污水处理有限公司	120	10	48	31	53	27
江阴市花园污水处理有限公司	120	29	39	31	46	6
宜兴市官林凌霞污水处理厂	119	31	1	31	37	2
宜兴市建邦环境投资有限公司清源污水处理厂	119	50	38	31	20	52
宜兴市建邦环境投资有限公司南漕污水处理厂	119	45	1	31	37	1
宜兴市建邦环境投资有限责任公司和桥污水处理厂	119	31	2	31	37	2
宜兴市建邦环境投资有限责任公司周铁污水处理厂	119	31	3	31	37	3
宜兴市建邦环境投资有限责任公司新建污水处理厂	119	31	4	31	7	4
宜兴市建邦环境投资有限责任公司张渚污水处理厂	119	31	5	31	37	5
欧亚华都(宜兴)水务有限公司	119	31	0	31	37	0

续表

名称	中心经度/(°)	中心经度/(′)	中心经度/(″)	中心纬度/(°)	中心纬度/(′)	中心纬度/(″)
宜兴市华骐污水处理有限公司	119	31	1	31	37	3
杭州市排水有限公司四堡污水处理厂	120	13	43	30	16	20
杭州天创水务有限公司	120	18	14	30	17	57
杭州拱宸桥污水处理工程有限公司	120	13	9	30	32	33
杭州余杭环科污水处理有限公司	120	18	35	30	26	14
杭州余杭城市排水有限责任公司(塘栖污水处理厂)	120	12	12	30	29	18
杭州余杭城市排水有限责任公司(良渚污水处理厂)	120	3	34	30	29	10
杭州余杭城市排水有限责任公司(余杭污水处理厂)	119	58	6	30	16	50
临安城市污水处理有限公司	119	44	35	30	14	12
临安市青山污水处理有限公司	119	49	39	30	14	40
嘉兴市王江泾基础设施投资建设有限公司	120	42	37	30	52	0
王江泾民主村喷水织机污水处理站	120	45	3	30	54	6
荷花联合污水处理厂	120	43	43	30	57	29
嘉兴市秀洲区市泾污水处理厂	120	42	56	30	56	2
嘉兴市秀洲区大坝污水处理厂	120	41	32	30	57	29
嘉兴市秀洲区田乐污水处理厂	120	42	27	30	57	9
嘉兴市大禹环境工程有限公司	120	47	13	30	53	36
嘉兴市新塍镇桃园村经济合作社	120	37	1	30	50	44
嘉兴市洪合环境工程有限公司	120	39	42	30	41	3
西部水务(嘉兴)有限公司	120	52	33	30	55	16
嘉善大成环保有限公司	120	58	26	30	58	42
嘉善洪溪污水处理有限公司	120	50	20	30	54	3
嘉兴市联合污水处理有限责任公司	121	1	35	30	35	18
海宁市盐仓污水处理有限公司	120	24	57	30	21	47
海宁紫薇水务有限责任公司	120	24	57	30	21	47
海宁紫光水务有限责任公司	120	40	39	30	23	51
平湖市虹霓废水处理	121	3	49	30	39	7
桐乡申和水务有限公司	120	32	1	30	37	12
桐乡市城市污水处理厂	120	34	54	30	38	43
桐乡市龙翔工业园区开发有限公司	120	28	56	30	39	50

续表

名称	中心经度/(°)	中心经度/(′)	中心经度/(″)	中心纬度/(°)	中心纬度/(′)	中心纬度/(″)
桐乡市濮院恒盛水处理有限公司	120	32	10	30	38	15
桐乡市屠甸污水处理有限公司	120	36	50	30	34	3
桐乡市河山污水治理有限公司	120	13	6	30	22	51
桐乡市洲泉污水处理有限公司	120	20	40	30	34	43
桐乡市崇新污水处理有限公司	120	26	43	30	30	39
桐乡市高桥污水处理有限公司	120	34	3	30	32	38
湖州市自来水公司(碧浪污水处理厂)	120	11	1	30	50	24
湖州凤凰污水处理厂	120	4	28	30	52	42
湖州织里东郊水质处理有限公司	120	16	48	30	49	48
湖州中环水务有限责任公司	120	12	0	30	49	48
湖州市自来水公司(市北污水处理厂)	120	13	1	30	53	24
湖州梅东水务有限公司	120	6	16	30	56	34
湖州南浔振浔污水处理有限公司	120	23	24	30	52	12
湖州丝得莉污水处理有限公司	120	16	48	30	46	48
湖州市练市污水处理厂	120	23	24	30	42	36
德清县狮山污水处理厂	119	58	16	30	33	31
德清县新市乐安污水处理厂	120	17	45	30	37	38
浙江升华拜克生物股份有限公司	120	10	40	30	39	30
莫干山镇集镇生活污水处理站	119	57	5	30	35	56
德清县筏头乡生活污水处理厂	119	50	15	30	32	18
长兴昂为环境生态工程有限公司	119	54	49	30	58	17
长兴兴长污水处理有限公司	119	55	59	31	0	27
长兴新源污水处理厂	119	59	32	30	58	42
长兴夹浦长平永丰污水处理站	119	55	29	31	7	2
长兴县夹浦污水处理有限公司	119	56	22	31	5	17
长兴县夹浦喜鹊斗兴民污水处理站	119	54	58	31	6	22
长兴夹浦父子岭斯圻污水处理站	119	54	20	31	9	40
长兴县夹浦香山联明污水处理站	119	55	27	31	8	18
浙江安吉水务有限公司污水处理厂	119	41	33	30	39	2

据统计，研究范围内共有各类污水厂 248 家。城镇生活污水集中处理率 67%。污水日处理规模小于 $1×10^4$ t 的污水厂有 119 家，占总数的 48%；日处理规模为 $(1\sim5)×10^4$ t 的污水厂有 108 家，占 44%；日处理规模大于 $5×10^4$ t 的污水厂有 21 家，占 8%。

4.3.1.3 城镇污染负荷估算

（1）污水及污染物产生当量

随着太湖流域经济的快速发展，城镇化水平不断提高，城镇生活污染物的产生量快速增加。同时，生活污染物的处理设施却远远跟不上，生活污染对环境的危害也越来越明显。

① 城市人口生活污染产生当量 依据《全国污染普查第一次全国污染源普查城镇生活源产排污系数手册》，按照所在区域和城市类别不同的城市有不同的污染产生量和排污系数。全国分为五个区，各区按照五种城市类别有五种不同的产污当量。本次研究范围内所有地区均处于第二区，不同的城市所处类别不同而对应的污染产生当量和排污系数有所不同，见表 4-18。

表 4-18 城市污染普查污染产生当量和排污系数表

城市类别	地级市	所属省份	污水产生当量 /[L/(r·d)]	COD /[kg/(r·a)]	NH_4^+-N /[kg/(r·a)]	TN /[kg/(r·a)]	TP /[kg/(r·a)]
一类	无锡	江苏	185	22.995	3.431	4.307	0.3577
	常州	江苏					
	苏州	江苏					
	杭州	浙江					
二类	嘉兴	浙江	175	21.17	3.212	4.015	0.32485
	湖州	江苏					
三类	镇江	江苏	164	20.805	2.92	3.6135	0.29565

注：单位 kg/(r·a) 表示每人每年排放量（如污染物等），下同。

② 镇区人口生活污染产生当量 在江苏省环境保护厅主持编写的太湖流域望虞河、小溪港、梁溪河、直湖港、武进港、太滆运河、漕桥河、太滆南运河、社渎港、官渎港、洪巷港、陈东港、大浦港、乌溪港、大港河 15 条主要入湖河流的水环境综合整治规划中，对 15

条主要河流沿河镇区污染产生当量做了调查，污染产生当量范围见表4-19。

表 4-19 15 条河流沿河镇区生活污染产生当量范围

项目	污水产生当量 /[L/(r·d)]	COD /[kg/(r·a)]	NH$_4^+$-N /[kg/(r·a)]	TP /[kg/(r·a)]	TN /[kg/(r·a)]
范围一	120~125	21~29	2.2~3.6	0.26~0.44	2.9~5.5
范围二	90~120	13.1~29.2	1.5~2.9	0.1~0.37	2.9~5.5

结合调查和以上资料，太湖流域城镇人均生活污水量每人每天在90~190L，以150~180L居多。在研究范围内不同的地方人均产污量也不尽相同，基本规律是经济越发达的地方人均产污量也越高，反之亦然。在所有研究范围内，城镇人均生活污水量较高的是苏州、无锡、杭州等地，污水产生量约为185L/(r·d)，最低的是句容、丹徒等地，污水产生量约为160L/(r·d)。城镇人均生活污染产生量和污水量呈现相同的规律，总体较大，具体来说经济越发达污染产生量越大。最终确定城镇居民生活污染产生当量见表4-20。

表 4-20 城镇居民生活污染产生当量

项目	COD /[kg/(r·a)]	TN /[kg/(r·a)]	NH$_4^+$-N /[kg/(r·a)]	TP /[kg/(r·a)]
产生范围	16~32	2.0~9.0	—	0.5~1.0
均值	22.32	8.84	6.67	0.74

（2）污水产生及排放特征

城镇居民的生活污染主要来源于居民日常生活过程中排放的污水，其产生量大小与人口数量和排污系数有关，计算公式如下。根据各污染控制区内不同市区的城镇人口数量和人均产污当量计算出城镇污水产生量，同时统计出各地相应的污染物（COD、NH$_4^+$-N、TN、TP）产生量。

$$Q = q \times n \times 365 \times 10^{-7}$$

$$W_i = C_i \times n \times 365 \times 10^{-3}$$

式中　Q——污水产生量，10^4 t/a；

　　　q——污水产生当量，L/(r·d)；

    n——人口数，人；

    W_i——i 种污染物的产生量，t/a；

    C_i——i 种污染物的产生当量，kg/(r·d)。

经过对 5 个污染控制区主要城镇的调查，本书总结出城镇生活污水的排放途径一般是通过化粪池排进污水管网，然后一部分进入附近的污水处理厂处理后排入河道，另一部分是由管网直接排入河道。排放路径如图 4-3 所示。

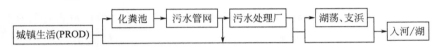

图 4-3　城镇生活污水排放路径

（3）污染负荷估算

根据公式，利用调查得到的城镇生活人口和人均污染物产生量计算污染物产生量。城镇生活污染的入河量分为经污水处理厂处理（接管）和未经污水处理厂处理（未接管）两类分别进行统计和计算。

4.3.2　排放量与入河量

太湖流域城镇生活污水（接管和未接管）及污染负荷产生量和入河量分别见表 4-21、表 4-22。城镇生活源每年污水排放总量为 13.3×10⁸t，其中，城镇生活污水未接管占到城镇生活污水排放总量的19.8％。北部重污染控制区占流域未接管城镇生活污水排放 39.7％，其次为湖西重污染控制区、南部太浦污染控制区、东部污染控制区。需进一步加强城镇生活废水管网建设，提高污水收集处理水平。就接管城镇生活废水排放而言，北部重污染控制区、东部污染控制区和浙西污染控制区分别占 29.7％、29.6％、25.7％，湖西重污染控制区和南部太浦污染控制区占比较小。此外，从城镇生活废水入湖的角度考虑（见图 4-4），北部重污染控制区城镇生活废水入湖量最大，占33％；其次是东部污染控制区（26％）、浙西污染控制区（16％）和湖西重污染控制区（12%）。

表4-21　城镇生活污水（接管）及污染负荷产生量和入河量

分区名称	生活污水产生量/(10⁴t/a)	污染负荷产生量/(t/a)				污染物入河量/(t/a)			
		COD	NH₄⁺-N	TN	TP	COD	NH₄⁺-N	TN	TP
北部重污染控制区	27740	118455	14545	20842	1739	13802	1144	4849	179
湖西重污染控制区	7585	32077	3856	5510	452	4682	377	1424	66
浙西污染控制区	23974.6	101863.1	12547.9	17939.3	1489.2	18532.6	3598.2	6320.3	359.3
南部太浦污染控制区	6441.6	26870.6	3349.6	4748.4	386.5	9761.7	2716.3	3136.6	33.6
东部污染控制区	27690	116662	14670	21936	1856	10946	1852	4463	181

表4-22　城镇生活污水（未接管）及污染负荷产生量和入河量

分区名称	生活污水产生量/(10⁴t/a)	污染负荷产生量/(t/a)				污染物入河量/(t/a)			
		COD	NH₄⁺-N	TN	TP	COD	NH₄⁺-N	TN	TP
北部重污染控制区	15739	67211	8252	11826	987	47720	5777	8278	701
湖西重污染控制区	7538	32037	3894	5572	461	22747	2726	3901	327
浙西污染控制区	2580.4	10837.6	1345.0	1912.7	156.8	7694.7	941.5	1338.9	111.4
南部太浦污染控制区	7395.0	30847.8	3845.4	5451.2	443.7	21902.0	2691.8	3815.8	315.0
东部污染控制区	6364	27178	3337	4782	399	19390	2345	3363	285

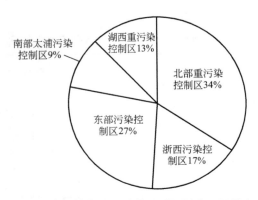

图 4-4　太湖流域各分区城镇生活源污水入河量占比

4.4　农村生活源排放量与入河量

4.4.1　调查与计算方法

开展了农村污水排放与处理现状、垃圾排放及处理处置现状调查，计算和统计了各分区农村生活污染的产生量和入河量，计算入河量。

4.4.1.1　调查及计算方法

主要调查太湖流域村落人口的分布、村落污水的产生与排放特征，处理处置状况、主要处理设施的处理效率等，最后计算农村生活污染的产生量和入河量。

（1）基本定义

① 农村生活污染产生量指农村人口污水和污染物的发生量，根据各行政区人口数量和人均污染物产生当量计算得到。

② 农村生活污染入河量指农村人口产生的污水和污染物经过各种途径和处理方式（化粪池、各种生态组合处理设施、沟渠及湖荡）进入河网的数量。

（2）调查范围

农村生活污染状况调查涵盖太湖流域 5 个污染控制区，即湖西重污染控制区、北部重污染控制区、东部污染控制区、南部太浦污染控制区和浙西污染控制区。

（3）污染负荷计算方法

采用当量模式计算农村人口污染负荷产生量，具体计算公式及变量说明如下：

$$W_{pi}^{j} = N_i \times R_i^{j}$$

式中　W_{pi}^{j}——第 i 个行政区农村人口第 j 种污染物的产生量；

　　　N_i——第 i 个行政区农村人口数量；

　　　R_i^{j}——第 i 个行政区农村人口第 j 种污染物的人均产生量。

根据污染负荷产生量、各条污染路径的比例系数以及各种处理单元的处理效率，计算污染物入河量。

$$W_e = W_{p_i} \times p_i \times (1 - f_i)$$

式中　W_e——污染物入河量，kg/d；

　　　W_{p_i}——污染物产生量，kg/d；

　　　p_i——污染路径的比例系数；

　　　f_i——不同处理单元的处理效率，处理单元包括化粪池、生活污水生态组合处理、湖荡等。

4.4.1.2　村落污水排放现状及污染负荷分析

（1）村落污水排放现状

经过对武进、宜兴等典型村落的现场实地调查发现，太湖流域村落生活污水首先排入化粪池进行简单预处理，没有生活污水处理装置的村庄经过管道直接排入居民点周边的沟渠、湖荡与河道等天然水体，少数建有集中式或分散式村落生活污水处理装置的居民点生活污水进入处理设施集中处理然后进入河道。具体排放路径如图 4-5 所示。污水处理设施的覆盖率约为 8%，太湖一级保护区约可达 21.9%（其中包括进管网、拦截坝拦截、处理设施在内所有的处理途径的整体处理率）。

图 4-5　村落生活污水排放路径

（2）产污当量确定

根据《江苏省太湖流域水环境综合治理实施方案》，污染产生量范围见表 4-23。

表 4-23　村落生活污染产生量表　　　单位：g/（r·d）

范围　　指标	COD	NH$_4^+$-N	TN	TP
15 条河总本	16～60	2.6～6	4～12	0.13～0.8
15 条河详本	40～60	4～6	5～12	0.3～0.8
张家港	4.8～45	2.4～6	—	—

由于太湖流域经济发达，农村生活水平较高，农村污染排放量也较大。据调查，太湖流域村落人均生活污水量，每人每天为 60～120L，以 80～90L 居多。不同的地方人均产污量也不尽相同，从大范围来说，人均产污量最高的是苏州、无锡、杭州等地，污水产生量约为 90L/（人·d）；最低的是句容、丹徒等地，污水产生量为 60～80L/（人·d）。

4.4.2　排放量与入河量

（1）农村生活废水中污染负荷估算

根据公式计算污染物产生和入河量，计算结果如表 4-24 所列。太湖流域村落生活污水排放量为 5.16×10^8 t/a，北部重污染控制区村落生活废水排放量最大，占 34.29%，其次是浙西污染控制区（16.90%）、东部污染控制区（16.56%）和南部太浦污染控制区（16.29%）、湖西重污染控制区（15.95%）。如图 4-6 所示，从入河量的角度，北部重污染控制区村落生活污水入河量最大，约占 34%，其余4个污染控制区村落生活污水入河量差异较小，占比在15%～18%之间（见图4-6）。总体而言，村落生活污水及COD、NH₄⁺-N、TN、TP等污染物排放量和入河量均呈现为北部高，东部、南部、湖西及浙西污染控制区村落生活污水贡献率相当。

表4-24 村落生活污水及污染负荷产生量和入河量

分区名称	污染物产生量/(t/a)					污染物入河量/(t/a)			
	污水/(10⁴t/a)	COD	NH₄⁺-N	TN	TP	COD	NH₄⁺-N	TN	TP
北部重污染控制区	17713	118084	11808	23617	1574	71794	8764	13882	1074
湖西重污染控制区	8239	52164	5216	10433	696	33760	3825	6262	485
浙西污染控制区	8731.3	55950.0	5595.0	11190.0	746.0	36435.2	4101.3	6731.5	522.9
南部太浦污染控制区	8411.4	53322.6	5332.3	10664.5	711.0	35485.8	3892.6	6481.3	503.2
东部污染控制区	8555	56013	5601	11175	748	33316	4104	6546	503

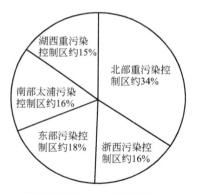

图4-6 太湖流域各分区农村生活废水入河量占比

（2）农村生活垃圾污染现状调查与分析

根据流域内典型调查结果，农村居民垃圾日产生量为0.5kg/(r·d)，据此可以估算出流域内农村居民年垃圾产生量为2.0451×10⁶t。

当地垃圾主要成分为无机物和难降解非溶解性有机物，垃圾清运率在50%～90%之间，未清运的垃圾经过雨水淋溶或直接丢弃到河道中对水体水质将产生直接影响。参考国内相关研究文献，垃圾中有机质成分、氮、磷的比例分别取 10％、0.5％和 0.2％，污染物溶出率取 20％。

4.5 种植业源排放量与入河量

4.5.1 调查与计算方法

① 调查种植业各土地利用类型（耕地和园地，其中耕地包括水田、旱地与保护地，园地包括果园、桑园、茶园与其他）的面积、农药化肥使用、地膜使用、秸秆使用情况。

② 监测了农田边沟水质，农田氮磷下渗、土壤和作物特性。

③ 完成太湖流域面源污染基础数据的收集并进行测算。

④ 计算确定了农业面源的氮、磷流失量和入河量。

4.5.1.1 收集整理了太湖流域五大污染控制区的农业面源基本数据

收集整理了太湖流域五大污染控制区的农业面源基本数据，包括耕地的分布、各种农业用地的氮、磷施用及流失情况，开展了太湖流域农业面源氮淋溶调查。太湖流域五大控制区总种植面积 1499 万亩，耕地面积 1257 万亩，其中旱地占 19％、水田占 81％，耕地以水田为主；园地面积 242 万亩，其中果园占 26％、茶园占 22％、桑园占 37％、其他占 15％。其中化肥（磷肥和氮肥）施肥量较大的区域主要为浙西污染控制区和南部太浦污染控制区。

4.5.1.2 农田排污测算方法

（1）农田污染源调查

利用各区县统计年鉴及第一次全国污染物普查数据，调查太湖流域各污染控制区的农田面积、土地坡度、农作物类型、轮作类型、土壤类型、化肥施用量、年降水量等基础数据，为后续计算提供依据。

（2）农田污染排放量计算

参考《全国水环境容量核定技术指南》中有关农田污染排放量测算公式，得到农田污染排放量计算公式为：

$$W_{农排} = (M_{旱} \times \alpha_1 + M_{水} \times \alpha_2 + M_{园} \times \alpha_3) \cdot \theta\beta$$

式中　$M_{旱}$——旱地面积，亩（1亩＝666.7m²，下同）。

　　　$M_{水}$——水田面积，亩。

　　　$M_{园}$——园地面积，亩。

　　　θ——标准农田排污系数（见表4-25）；

α_1、α_2、α_3——旱地、水田、园地的农作物类型修正系数；

　　　　　β——流失修正系数，β＝坡度修正×土壤类型修正×化肥用量修正×降水量修正。

各修正系数取值方法见表4-26，取值结果见表4-27。

表 4-25　标准农田排污系数　单位：kg/（亩·年）

项目	COD	NH₄⁺-N	TN	TP
θ	10	2	7	0.5

表 4-26　种植业源强修正系数取值方法

修正内容	修正指标	修正系数
农作物类型	旱地	$\alpha_1 = 1.0$
	水田	$\alpha_2 = 1.5$
	其他	$\alpha_3 = 0.7$
地表坡度	＜25°	1.0～1.2
	≥25°	1.2～1.5
土壤类型	黏土	0.6～0.8
	砂土	0.8～1.0
	壤土	1.0
化肥用量/[kg/（亩·年）]	＜25	0.8～1.0
	25～35	1.0～1.2
	＞35	1.2～1.5
年降雨量/mm	＜400	0.6～1.0
	400～800	1.0～1.2
	＞800	1.2～1.5

表 4-27 各地区源强修正系数取值

地区	坡度修正	壤土修正	化肥用量修正	降水量修正	β
南京	1	1	1.3	1.2	1.56
常州	1	1	1.1	1.2	1.32
苏州	1	1	1.1	1.3	1.43
无锡	1	1	1.3	1.2	1.56
镇江	1	1	1.2	1.2	1.44
杭州	1	1	1.4	1.4	1.96
嘉兴	1	1	1.1	1.2	1.32
湖州	1	1	0.9	1.4	1.26

（3）农田污染入河量计算

参照经验公式，农田污染入河量计算公式为：

$$W_{农} = W_{农排} \times \eta$$

式中 $W_{农}$——农田污染物入河量；

$W_{农排}$——农田污染物排放量；

η——农田入河系数，COD 取值为 $0.1 \sim 0.3$，$NH_4^+\text{-}N$、TN、TP 取值为 0.3。

4.5.2 排放量与入河量

（1）种植业污染物排放量及入河量结果

种植业污染物排放量及入河量结果见表 4-28。种植业污染物排放量和入河量均表现出湖西重污染控制区占比最大，约占 29％；浙西污染控制区次之，占 23％～25％；南部太浦污染控制区第三，约占 20％；北部重污染控制区和东部污染控制区居第四。

表 4-28 太湖流域种植业污染排放及入河量

污染物分区名称	种植业污染/(10^4 t/a)							
	排放量				入河量			
	COD	$NH_4^+\text{-}N$	TN	TP	COD	$NH_4^+\text{-}N$	TN	TP
北部重污染控制区	4.02	0.80	2.81	0.20	0.40	0.24	0.84	0.06
湖西重污染控制区	6.80	1.36	4.76	0.34	0.68	0.41	1.43	0.10

续表

污染物分区名称	种植业污染/(10^4t/a)							
	排放量				入河量			
	COD	NH_4^+-N	TN	TP	COD	NH_4^+-N	TN	TP
浙西污染控制区	5.85	1.17	4.09	0.29	0.58	0.35	1.23	0.09
南部太浦污染控制区	4.90	0.98	3.43	0.25	0.49	0.29	1.03	0.07
东部污染控制区	1.84	0.37	1.29	0.09	0.32	0.12	0.40	0.03
合计	23.41	4.68	16.39	1.17	2.48	1.41	4.93	0.35

　　根据太湖流域各污染控制区农田基础数据调查结果，及污染排放计算公式，测算太湖流域五大污染控制区农田污染排放量结果如表4-29所列。

表 4-29　太湖流域分区农田污染排放量　　单位：t/a

二级分区	COD	NH_4^+-N	TN	TP
北部重污染控制区	40185	8036.99	28129.5	2009.25
湖西重污染控制区	68007.6	13601.5	47605.3	3400.38
浙西污染控制区	58484.5	11696.9	40939.2	2924.23
南部太浦污染控制区	49026.9	9805.38	34318.8	2451.35
东部污染控制区	18395	3679	12876.5	919.75
总计	234099	46819.8	163869	11704.9

　　测算太湖流域五大污染控制区农田污染入河量结果见表4-30。

表 4-30　太湖流域分区农田污染入河量　　单位：t/a

二级分区	COD	NH_4^+-N	TN	TP
北部重污染控制区	4018.5	2411.1	8438.84	602.774
湖西重污染控制区	6800.76	4080.45	14281.6	1020.11
浙西污染控制区	5848.45	3509.07	12281.7	877.268
南部太浦污染控制区	4902.69	2941.62	10295.7	735.404
东部污染控制区	3202.44	1157.36	3972.91	287.005
总计	24772.8	14099.6	49270.7	3522.56

　　（2）种植业污染源分区特征及地方推进情况

　　种植业污染源分区特征见表4-31。

表 4-31　种植业污染源分区特征

区名	区域范围	主要特征	主要问题
北部重污染控制区	常州市、武进区、无锡市、江阴市、常熟市、张家港市	种植业以水田为主,占本区种植面积的69%,园地以果园为主;污染物排放量占流域种植业的17.6%	种植业面积较小,农业发展不足,水田排放水污染较重,缺乏农田排水集中收集渠道,湿地保护不健全,面源入河消减程度较低
湖西重污染控制区	镇江市、丹徒区、丹阳市、金坛市、溧阳市、宜兴市、句容市、高淳县	种植业以水田为主,占本区种植面积的73%,园地以茶园和果园为主;污染物排放量占流域种植业的30.0%	种植业面积在5区中最大,种植业发达,但属于传统农业,污染排放较大,农田尤其水田多建于河道及湖荡边,排水分散,削减路径较短,湿地屏障薄弱
浙西污染控制区	杭州市、余杭区、临安市、湖州市、德清县、长兴县、安吉县	种植业以水田为主,占本区种植面积的62%,园地以桑园和茶园为主;污染物排放量占流域种植业的23.7%	种植业面积较大,农业发展程度较高,碳氮磷排放比重较重,属于传统农业,农村面积大,环境管理及综合治理水平不高,缺少面源收集及处理系统
南部太浦污染控制区	嘉兴市、嘉善县、海盐县、海宁市、平湖市、桐乡市	种植业以水田为主,占本区种植面积的66%,园地以桑园为主;污染物排放量占流域种植业的20.7%	种植业面积较大,种植规模较大,但规模化、科学化生产程度较低,肥料施用不科学,水田污染严重,湿地保障不健全,缺乏面源集中处置渠道
东部污染控制区	苏州市、昆山市、吴江市、太仓市	种植业以水田为主,占本区种植面积的70%,园地以果园和桑园为主;污染物排放量占流域种植业的8.0%	种植业面积最小,农业发展比重小,属于传统农业,分散,发展缓慢

从 2000 年至 2010 年，随着太湖流域耕地面积由 15490.39km² 减少到 13778.28km²，太湖流域农业单位面积化肥施用量由 47.54t/km² 减少到 43.13t/km²。其中杭州、嘉兴等城市单位面积化肥施加量高于苏州、无锡、常州等城市。随着太湖流域保护工作逐年开展，农业面源污染控制力度加强，太湖流域推行测土配方施肥、农药减施等技术，建设生态拦截沟渠塘系统。2008 年建设了生态拦截沟渠塘示范工程 $1.72 \times 10^5 \, \text{m}^2$；2009 年建成生态沟渠拦截系统 $1.25 \times 10^6 \, \text{m}^2$。据对苏南地区施肥情况统计，测土配方施肥项目区平均亩施

氮肥量（折纯）18.02kg、施磷（P_2O_5）3.75kg，较同期习惯施肥亩减纯氮2.31kg、节磷0.38kg，减幅分别达11.36％和9.2％，全年化学氮肥施用量减少3.2％，氮磷径流流失相应减少10％以上。

4.6 畜禽养殖业源排放量与入河量

4.6.1 调查与计算方法

（1）调查内容

主要调查太湖流域畜禽（牛、羊、猪、禽类）水产养殖企业的分布情况，污水以及粪便的产生与排放特征，处理处置状况、模式、处理效率等，计算畜禽养殖污染入河量。

（2）畜禽污染物排放系数确定及畜禽污染物排放量与入河量计算

以环境保护部提供的畜禽养殖排泄系数为基础，并借鉴其他研究成果，包括《太湖流域水污染防治十一五规划》《国家科技攻关项目》和《污染源普查系数手册》，在对已有研究成果对比分析的基础上，确定了集约化畜禽养殖业的污染物排放系数。根据表中的畜禽污染物排放系数和畜禽饲养周期可推算出畜禽污染物年排放系数，根据饲养量和畜禽污染物年排放系数可推算畜禽养殖业污染物年排放量。

对太湖流域养殖污水处理工艺，进行调查，其主要包括能源生态型沼气工程模式、三格式化粪池净化模式、人工湿地处理模式等；并分别描述了不同的路径，用以计算污染物入河量。

4.6.2 排放量与入河量

（1）畜禽养殖污染物入河量

以2007年污染源调查数据为基础，对太湖流域五个污染控制区的养殖污染物排放量进行测算，测算结果见图4-7。由图4-7可知，COD总排放量为101828t；NH_4^+-N总排放量为8013t；TN总排放量为 20030t；TP 总排放量为 5026t。其中，南部太浦污染控制区各污染物指标浓度最高，浙西重污染控制区次之，其次是北部重污染控制区、湖西重污染控制区、东部污染控制区。

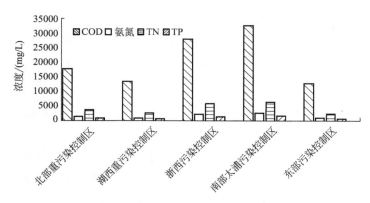

图 4-7　各大污染控制区入河量特征

（2）流域各区畜禽养殖污染物特征分析

以 2007 年污染源调查数据为基础，对太湖流域 5 个污染控制区的养殖污染物入河量的分区特征进行分析，分析结果见表 4-32。4 类污染物入河最大的是浙西污染控制区和南太浦污染控制区，所占比重达 55% 左右；北部重污染控制区、湖西重污染控制区、东部污染控制区，其污染物排放量分别为 16%、15% 和 10% 的水平。

表 4-32　流域各区畜禽养殖污染物特征

区名	区域范围	主要特征
北部重污染控制区	常州市、武进区、无锡市、江阴市、常熟市、张家港市	位于太湖北部，是太湖流域排污量最大的区域，养殖业发达程度一般
湖西重污染控制区	镇江市、丹徒区、丹阳市、金坛市、溧阳市、宜兴市、句容市、高淳县	位于太湖西部，是太湖主要入湖河流的小流域，养殖业发达程度一般
浙西污染控制区	杭州市、余杭区、临安市、湖州市、德清县、长兴县、安吉县	位于太湖西南部，养殖业发达

续表

区名	区域范围	主要特征
南部太浦污染控制区	嘉兴市、嘉善县、海盐县、海宁市、平湖市、桐乡市	位于太湖东南部,是太湖流域排污量相对较小的控制区。畜禽养殖业发达
东部污染控制区	苏州市、昆山市、吴江市、太仓市	位于太湖东部,是太湖的主要出流区,养殖业发达程度一般

4.7 其他源排放量与入河量

4.7.1 船舶污染调查与计算方法

4.7.1.1 调查与计算方法

对收集得到的主要入湖河流船舶类型、船舶流量进行了最终核实。确定了太湖流域船舶垃圾、含油污染物和生活污水排放量,对太湖流域已建的各类船舶污染物处理处置设施的分布和运行情况进行调查,计算了入河量。船舶污染负荷模型如下。

(1) 船舶生活垃圾产生量计算模型

河道船舶污染源强与船舶流量关系密切,而船舶流量又处处变化。根据船舶流量变化情况,将全河道分为 l 个航段,建立分段船舶污染负荷模型,河流概化示意如图 4-8 所示。对河道内航行的船舶进行分类,根据吨位分为 m 级,根据船舶的类型分为 n 类,在分界点处需观测各级各类船舶的流量。

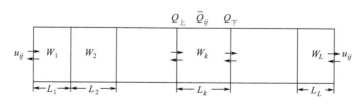

图 4-8 河道概化示意

根据船舶流量观测结果、船舶工作人数和船舶垃圾产生定额,船舶垃圾产生量可按下式计算：

$$Q_{ij} = 0.5 \times (Q_上 + Q_下)$$

$$W_k = \sum_{i=1}^{m} \sum_{j=1}^{n} \frac{\overline{Q_{ij}} L_k P_{ij} W}{365 \times T_{ij} u_{ij}}$$

$$W_k = \sum_{i=1}^{m} \sum_{j=1}^{n} \frac{\overline{Q_{ij}} L_k W}{365 \times T_{ij} u_{ij}}$$

$$W_总 = \sum_{k=1}^{l} W_k$$

式中 $Q_上$——该航段上游断面的船舶流量，艘／年；

$\quad\quad Q_下$——该航段下游断面的船舶流量，艘／年；

$\quad\quad \overline{Q_{ij}}$——该航段第 i 级第 j 类船舶的平均流量，艘／年；

$\quad\quad L_k$——该航段的长度，km；

$\quad\quad u_{ij}$——第 i 级第 j 类船舶的平均航速，km/h；

$\quad\quad P_{ij}$——第 i 级第 j 类船舶工作人员数，人／艘；

$\quad\quad T_{ij}$——第 i 级第 j 类船舶日平均航行时间，h/d；

$\quad\quad W$——船员生活垃圾产生定额，kg/(人•d)；

$\quad\quad W_k$——该航段的船舶垃圾产生量，kg/d；

$\quad\quad W_总$——航段船舶垃圾总产生量，kg/d；

$\quad\quad m$——该航段船舶按吨位分级数；

$\quad\quad n$——该航段船舶分类数；

$\quad\quad l$——航段数目。

（2）船舶油废水产生量计算模型

根据船舶流量观测结果和船舶油废水产生定额，油废水产生量可按下式计算：

$$P_k = \sum_{i=1}^{m} \sum_{j=1}^{n} \frac{\overline{Q_{ij}} L_k I_{ij}}{365 \times 24 u_{ij}}$$

$$P_k = \sum_{i=1}^{m} \sum_{j=1}^{n} \frac{\overline{Q_{ij}} L_k I_{ij}}{365 \times 24 u_{ij}}$$

$$P_总 = \sum_{k=1}^{l} P_k$$

式中 I_{ij} —— 第 i 级第 j 类船舶的油废水产生定额，$kg/(d\cdot 艘)$；

P_k —— 该航段的日平均油废水产生量，kg/d；

$P_总$ —— 航段总油废水产生量，kg/d；

其余符号意义同上。

（3）船舶石油类产生量计算模型

石油类产生量可按下式计算：

$$M_k = \sum_{i=1}^{m} \sum_{j=1}^{n} \frac{\overline{Q_{ij}} L_k I_{ij} C_{ij}}{365 \times 24 \times 10^6 u_{ij}}$$

$$M_总 = \sum_{k=1}^{l} M_k$$

式中 C_{ij} —— 该航段第 i 级第 j 类船舶的平均石油类浓度，mg/L；

M_k —— 该航段的日平均石油类产生量，kg/d；

$M_总$ —— 航段总油废水产生量，kg/d。

4.7.1.2 排放量与入河量

（1）船舶污染负荷估算

① 船舶垃圾 据调查，各类船舶的人员配备情况见表 4-33。

表 4-33 各种船型的人员配备

船型	人员/人	船型	人员/人	船型	人员/人
1000 轮队	52	1000 货船	4	挂机船	3
500 轮队	40	500 货船	3		
300 轮队	39	300 货船	3		
100 轮队	27	100 货船	2		

根据实地调查统计分析，船员每人每天产生的固体垃圾量要小于陆域人员，平均值为 $0.25kg/(人\cdot d)$，考虑到夏季、冬季垃圾产生量的季节波动性，根据生活垃圾转运站技术规范 CJJ 47—2006，取不均匀系数为 1.5，因此日平均垃圾产生量取 $0.375kg/（人\cdot d）$。根据船舶流量预测结果，利用船舶生活垃圾产生当量计算模型计算得到太湖

流域船舶垃圾产生量，见表4-34。

表 4-34　太湖流域船舶垃圾产生量

航道	船舶垃圾产生量/(kg/d)		
	2007 年	2012 年	2020 年
苏南运河	7056	6652	6769
芜申线	856	628	1253
申张线	551	666	1001
丹金溧漕河	268	288	264
锡澄运河	320	321	227
望虞河	232	208	258
直湖港	39	46	96
雪堰河	51	63	89
浒光运河	56	43	0
苏西线	151	172	199
杭湖锡线	39	52	69
长湖申线	3017	3139	3346
湖嘉申线	151	157	181
京杭运河浙江段	166	173	185
合计	12953	12608	13937

②　船舶含油废水　根据预测得出苏南运河各断面的船舶流量结果和调研得出的各类船舶的日平均油废水产生当量，取 $2.46m^3/a$（6.74L/d），利用船舶油废水产生量计算模型计算出太湖流域船舶含油废水产生量，见图4-9。其中，长湖申线船舶含油废水产生量最大，苏南运河次之；其次是申张线、芜申线、锡澄运河。2007～2020年，船舶含油废水产生总量呈增长的趋势，其中长湖申线、苏南运河、申张线增长较快，其余各航段相对稳定。

③　船舶生活污水　船舶生活污水人均产生量按50L/(人•d)，根据船舶污染负荷模型算得太湖流域船舶生活污水产生量和各分区船舶污水产生量和入河量分别见图4-10和图4-11。由图4-10可知，太湖流域船舶生活污水产生量主要集中在苏南运河、长湖申线、芜申线及申张线，占流域船舶生活污水产生量的90％以上。2007～2020年，苏南运河船舶生

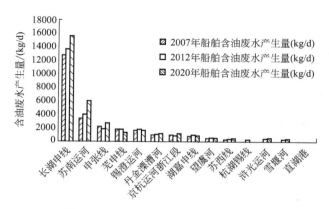

图 4-9　太湖流域船舶含油废水产生量

活污水产生量波动下降，长湖申线、芜申线及申张线呈上升趋势，其余航线相对稳定。根据图 4-11，从分区角度而言，太湖流域船舶污染物产生量和入河量由高到低分别为北部重污染控制区、浙西污染控制区、东部污染控制区、湖西重污染控制区、南部太浦污染控制区。

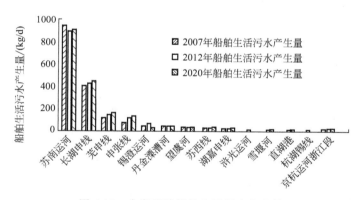

图 4-10　太湖流域船舶生活污水产生量

（2）干湿沉降样品中各种重金属含量

采集的雨水样品中，6 种主要重金属的平均浓度大小依次为 Zn＞Mn＞Pb＞Ni＞Cr＞Cd，浓度均值分别为 $79.54\mu g/L$、$26.9\mu g/L$、$6.36\mu g/L$、$5.12\mu g/L$、$1.74\mu g/L$ 和 $0.26\mu g/L$。雨水中 Zn、Mn 的浓度较高，不同区域浓度均超过了国家地表水 I 类水体标准限值，有毒重金属 Cr、Cd 的浓度较低，不同区域的浓度均低于国家地表水 I

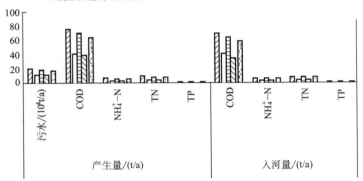

图 4-11　太湖流域船舶生活污水产生量与入河量

类水体标准限值，而部分区域 Pb 的浓度较高。

4.7.2　干湿沉降调查

4.7.2.1　调查及分析

（1）调查时间

2008 年 8 月～2009 年 7 月。

（2）调查点位

10 个采样点位分别位于环太湖周边的大浦镇、丁蜀镇、小浦镇、湖州市、胥口镇、湖心金庭镇、吴江市、硕放镇、胡埭镇及周铁镇，具体位置见图 4-12。

（3）监测指标

样品采集按《空气和废气监测分析方法》中降水化学成分监测分析方法的技术规范进行。每次降雨前将聚乙烯塑料桶放在采样器的架子上，并记录采样时间。降雨停止后立即测定 pH 值和电导率。

样品采集后，测定 pH 值、电导率（EC）、TN、TP 浓度并分析重金属。

4.7.2.2　湿沉降

（1）pH 值

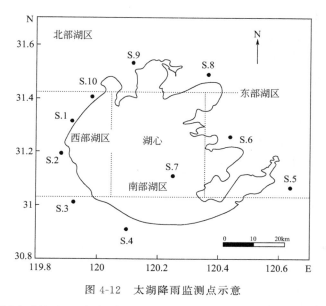

图 4-12　太湖降雨监测点示意

由监测到的 200 多场降雨 pH 值的数据可知，采集雨水样品的
pH 值在 3.49～7.27 之间，采样点位不同季节及不同区域雨水 pH 值

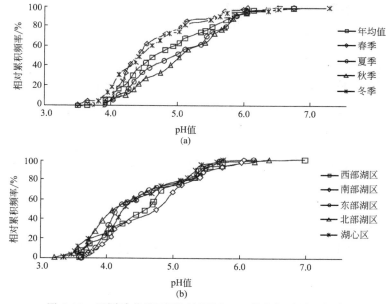

图 4-13　不同季节及不同区域雨水 pH 值的相对累积频率

的相对累积频率见图 4-13，图 4-13（a）监测点位不同季节雨水 pH 值的相对累积频率，图 4-13（b）为监测点位不同区域雨水 pH 值的相对累积频率。根据酸雨定义（pH<5.6 的降水），太湖地区酸雨出现的频率较大，所采集样品中酸雨频率为 81.7%，属于酸雨沉降区。

（2）湿沉降中 N、P 含量

根据 2009 年 8 月至 2010 年 7 月大气湿沉降营养盐的监测结果，统计了 10 个监测点位 N、P 等监测指标的浓度变化范围，见图 4-14。图 4-14 中从上到下的短横线分别代表最大值，3/4 位数，均值，1/4 位数，最小值。

由图 4-14 可知：10 个监测点位湿沉降中 TN 浓度均值变化范围为 2.41～3.82mg/L，年均 3.16mg/L。

根据江苏省环境监测中心的监测数据：太湖水体的 TN 和 TP 年平均浓度，2007 年分别为 2.81mg/L 和 0.101mg/L，2010 年分别为 2.43mg/L 和 0.074mg/L，2015 年分别为 1.61mg/L 和 0.13mg/L；2015 年 TN 的浓度为 1.96mg/L，TP 浓度为 0.059mg/L。可知降雨

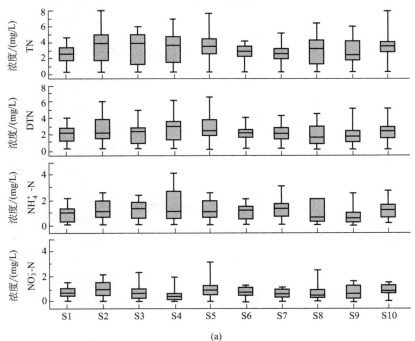

(a)

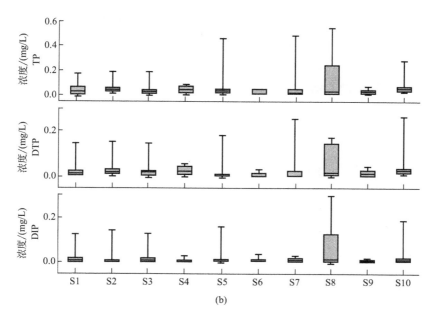

(b)

图 4-14　各点位湿沉降中不同形态 N、P 的浓度变化范围

中 N 营养盐浓度远高于水体中 N 的浓度，可见大气湿沉降中的营养盐对太湖富营养化的贡献不可忽视。

　　为把握太湖流域湿沉降空间分布特征，将太湖划分为西部湖区、南部湖区、东部湖区、北部湖区及湖心区 5 个区域，5 个区域 N、P 及各形态浓度月际变化及月降雨量分别见图 4-15、图 4-16。

　　五个区域营养盐各不同形态的月均浓度随时间变化规律非常相似，且与降雨量变化趋势正好相反，呈现出降雨量少浓度较高的现象。

　　太湖湖面面积以 2338km² 计，采用 2009 年 8 月至 2010 年 7 月监测的雨水中 TN、TP 沉降率均值估算营养盐通过降水输入太湖的负荷量，降水中 TN、TP 入太湖的负荷量见表 4-35。大气湿沉降中 TN 年负荷量为 10868t，TP 年负荷量为 247t，分别占同期河流入湖负荷的 18.6% 和 11.9%。可见，大气湿沉降中营养盐的输入显得更为重要。

表 4-35　太湖湖面湿沉降中 TN、TP 年沉降总量及其与太湖河流入湖负荷的比较

河流入湖量/t		湖面湿沉降量/t		湿沉降贡献率/%		时间
TN	TP	TN湿	TP湿	TN湿/TN入湖	TP湿/TP入湖	
45943	1552	7958	199	17.30	12.80	2002 年 6 月～2003 年 7 月
58445	2083	10868	247	18.60	11.90	2009 年 8 月～2010 年 7 月

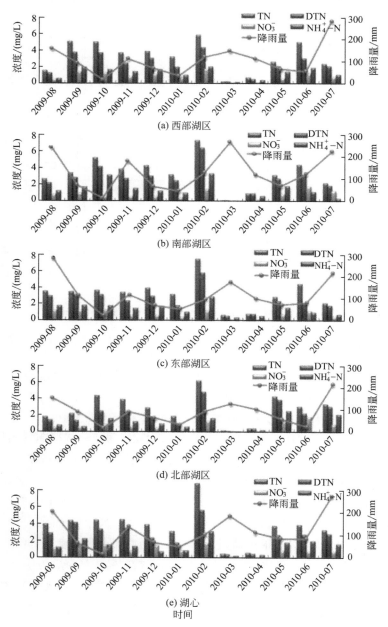

图 4-15　太湖各区域湿沉降中不同形态 N 浓度月际变化及其月降雨量

4.7.2.3　样品中各种重金属含量

采集的雨水样品中，6 种主要重金属的平均浓度大小依次为 Zn＞Mn＞Pb＞Ni＞Cr＞Cd，浓度均值分别为 79.54μg/L、26.9μg/L、6.36μg/L、5.12μg/L、1.74μg/L 和 0.26μg/L。雨水中 Zn、Mn 的浓度较高，不同区域浓度均超过了国家地表水Ⅰ类水体标准限值，有毒重金属 Cr、Cd 的浓度较低，不同区域的浓度均低于国家地表水Ⅰ类水体标准限值，而部分区域 Pb 的浓度较高。

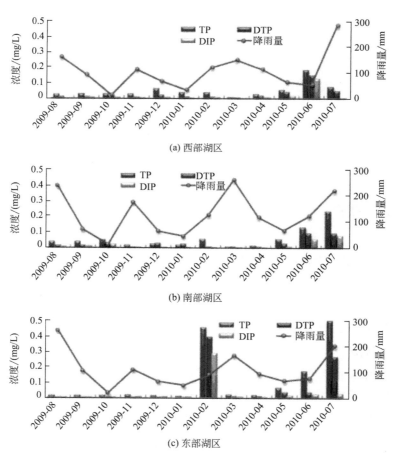

(a) 西部湖区

(b) 南部湖区

(c) 东部湖区

图 4-16

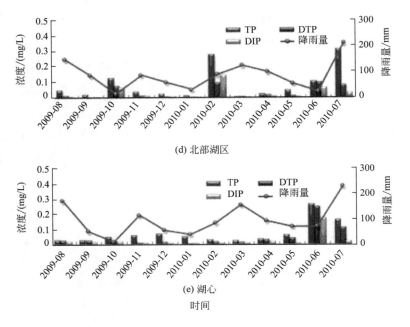

图 4-16 太湖各区域湿沉降中不同形态 P 浓度的月际变化及其月降雨量

4.8 排放量与入湖量

4.8.1 废水中污染物排放量与入河量分析

太湖流域各污染控制分区污染源排放量及入河量见表 4-36，其中北部重污染控制区的排放量和入河量所占比重最大。各污染源排放量及入河量的贡献见图 4-17 和图 4-18，COD 的入河量主要来自于生活（城镇生活和农村生活）和工业，NH_4^+-N 的入河量主要来自于生活（城镇生活和农村生活）和种植业，TN 的入河量主要来自于生活（城镇生活和农村生活）、种植业和工业。TN 和 TP 的入河量主要来自于生活（城镇生活和农村生活）、种植业和养殖业。

表 4-36 太湖流域污染源排放量及入河量汇总表

分区名称	排放量/(t/a)					入河量/(t/a)			
	废水量/t	COD	NH_4^+-N	TN	TP	COD	NH_4^+-N	TN	TP
北部重污染控制区	636489432	602810	48726	103819	9846	202971	21538	47407	3617
湖西重污染控制区	89169944	241960	30229	78825	7643	97194	12845	29655	2495
浙西污染控制区	226289111	388520	40109	95043	11769	123312	14909	32860	2868
南部太浦污染控制区	214572765	367765	33968	80965	11179	126869	13736	30946	2558
东部污染控制区	378638376	345436	30116	61813	6112	125376	13134	26969	2015
合计	1545159628	1946491	183148	420465	46549	675721	76163	167837	13554

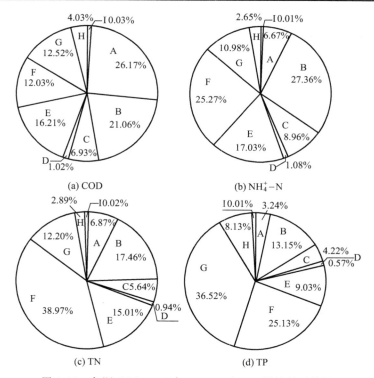

(a) COD

(b) NH_4^+-N

(c) TN

(d) TP

图 4-17 各源 COD、NH_4^+-N、TN 和 TP 排放量贡献图

A—工业；B—城镇生活（接管）；C—城镇生活（未接管）；D—农村生活（处理）；
E—农村生活（未处理）；F—种植业；G—养殖（规模化）；H—养殖（散养）；I—其他

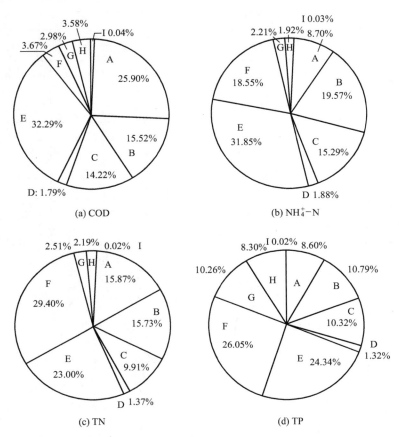

图 4-18　各源 COD、NH_4^+-N、TN 和 TP 入河量贡献图

A—工业；B—城镇生活（接管）；C—城镇生活（未接管）；

D—农村生活（处理）；E—农村生活（未处理）；F—种植业；

G—养殖（规模化）；H—养殖（散养）；I—其他

4.8.2　太湖流域污染物年入湖通量

（1）入太湖通量计算结果合理性分析

根据 2007 年的水文资料、2007 年太湖流域污染源资料和各主要河道纳污量资料，利用经率定的河网水流、水质模型以及污染负荷模型计算出主要入湖河道的逐日平均流量（正向、负向和零流量）值和相应的水质浓度,将水质浓度乘以入湖流量值得出各入湖河道的入湖通量值,将计算结果与太湖流域 19 个入太湖巡测站 2007 年入湖通量实测结果进行比较。

率定相对误差情况的统计分析见表 4-37 和表 4-38。

表 4-37 不同月份入湖通量相对误差统计　　单位:%

2007 年	COD	NH$_4^+$-N	TN	TP
1 月	−4.7	−42.5	−55.4	30.9
2 月	19.1	−15.7	−26.2	70.5
3 月	−1.8	−31.4	−37.7	17.1
4 月	−13.4	−21.9	−0.7	35.5
5 月	56.5	58.4	76.1	52.2
6 月	43.9	47.0	70.4	37.9
7 月	−3.1	41.0	51.6	25.4
8 月	4.5	30.0	15.0	−12.3
9 月	−1.7	25.1	3.8	−19.8
10 月	−22.7	−33.3	−43.8	−44.6
11 月	−37.2	−16.5	−19.4	−33.0
12 月	−35.1	−5.8	−1.0	3.0
合计	−0.2	3.6	4.2	12.5

表 4-38 主要入太湖巡测站入湖通量相对误差统计　　单位:%

测站名	COD	NH$_4^+$-N	TN	TP
长兴(二)段	−6.4	−16.0	−41.7	48.9
杨家埠站	66.8	22.6	−20.0	−6.5
望亭(立交)站	23.7	31.9	−10.2	−21.4
龚巷桥站	30.6	−30.2	−35.2	38.7
雅浦桥站	43.3	22.2	20.0	45.0
漕桥+黄埝桥段	−19.4	3.7	24.9	−3.1
陈东港桥段	2.5	5.2	11.5	11.8

表 4-37 可知,全年的相对误差 COD 为 0.2%、NH$_4^+$-N 为 3.6%、TN 为 4.2%、TP 为 12.5%;相对误差小于 20% 的比例为 46.4%、相对误差小于 35% 的比例为 75%。用于验证的计算过程与大部分实测值符合较好,由此可见,研究入湖河道汇入太湖通量较好

地反映了流域实际情况，计算结果是合理的。

（2）基准年入湖通量计算结果

基准年入太湖水量及污染物质总量见表4-39。2007年太湖入湖水量为 $9.33905 \times 10^9 \text{m}^3$，COD、$NH_4^+$-N、TN、TP入湖通量分别为204085t/a、21137t/a、38555t/a、2091t/a。

表4-39 基准年入太湖污染物质总量

水文年	入湖水量/(10^4m^3/a)	COD/(t/a)	NH_4^+-N/(t/a)	TN/(t/a)	TP/(t/a)
基准年	933905	204085	21137	38555	2091

（3）不同水平年入湖通量计算结果

利用2007年流域污染负荷，选用不同水平年进行入太湖水量和污染物质通量进行计算，得到不同水文年入太湖水量及污染物质总量，见表4-40。丰水年入湖水量最大，枯水年入湖水量最小，平水年入湖水量略大于枯水年入湖水量。枯水年污染物质入太湖总量最小，平水年污染物质入湖总量略大于枯水年，丰水年污染物质入湖总量最大。

表4-40 不同水文年入太湖污染物质总量

水文年	入湖水量/(10^4m^3/a)	COD/(t/a)	NH_4^+-N/(t/a)	TN/(t/a)	TP/(t/a)
基准年	888544	204085	21137	38555	2091
丰水年	949647	208870	21890	39135	2187
平水年	899017	203760	21020	38420	2088
枯水年	890147	201450	20930	38218	2082

（4）不同来源污染物质入太湖通量

不同来源污染物质入湖量占总入湖量的比例见表4-41。从COD的入湖量来看，城镇生活源、工业点源及农村生活源占到73.88%，其中城镇生活源占比最大。氨氮的入湖通量以点源为主，工业源和城镇生活源占53.97%。TN和TP的入湖通量主要来自于农田面源、城镇面源和农村生活源，占污染物入湖通量的74%以上。总体而言，农业面源（农村生活、农田面源、畜禽养殖）、城镇生活源是废水中入湖通量的主要来源。

表4-41 不同来源污染物质入湖量占总入湖通量的比例

单位：%

污染源分类	COD	NH$_4^+$-N	TN	TP
工业点源	16.87	11.64	11.78	4.81
城镇生活	33.49	42.33	28.62	19.55
农村生活	23.52	29.36	22.27	13.57
农田面源	4.32	9.96	29.98	41.69
畜禽养殖	7.88	3.05	2.65	13.17
其他通量	13.92	3.66	4.70	7.21

（5）五大分区污染物质入太湖通量

五大分区污染物质入湖量占总入湖量的比例见表4-42。从分区的角度而言，北部重污染控制区和湖西重污染控制区是太湖流域入湖污染物的主要来源，两者污染物入湖总量占整个流域74%以上，是太湖流域重点控制的区域。

表4-42 五大分区污染物质入湖量占总入湖量的比例 单位：%

分区	COD	NH$_4^+$-N	TN	TP
北部重污染控制区	40.57	46.53	35.85	43.30
湖西重污染控制区	33.60	40.37	51.18	32.25
东部污染控制区	1.88	1.56	1.38	2.30
浙西污染控制区	9.91	7.72	6.79	14.77
南部太浦污染控制区	0.13	0.16	0.12	0.18
其他通量	13.91	3.66	4.68	7.20

（6）不同行政区污染物质入太湖通量

不同行政区污染物质入湖量占总入湖量的比例见表4-43。从行政区的角度分析，宜兴、常州、无锡是污染物入湖通量的主要来源，占流域污染物入湖总量的59%以上。

表4-43 不同行政区污染物质入湖量占总入湖量的比例 单位：%

行政区	COD	NH$_4^+$-N	TN	TP
镇江	1.12	2.09	6.81	1.65
常州	23.21	27.22	21.81	23.36

行政区	COD	NH_4^+-N	TN	TP
金坛	0.81	1.73	7.02	0.41
溧阳	3.54	6.59	10.07	1.49
无锡	13.33	13.69	9.60	13.90
江阴	2.59	3.77	2.73	3.26
宜兴	28.61	30.46	27.58	30.83
苏州地区	2.84	2.90	2.80	2.95
浙西污染控制区	9.91	7.72	6.79	14.77
南部太浦污染控制区	0.13	0.16	0.12	0.18
其他通量	13.91	3.67	4.67	7.20

第 5 章

太湖流域生态圈层状况及演变趋势分析

5.1 太湖流域生态圈层概述

《生态文明体制改革总体方案》提出，树立绿水青山就是金山银山，清新空气、清洁水源、美丽山川、肥沃土地、生物多样性是人类生存必需的生态环境，坚持发展是第一要务，必须保护森林、草原、河流、湖泊、湿地、海洋等自然生态。

太湖流域是一个"山水林田湖"的生命共同体，流域景观类型主要包括高平田、平田和圩田等农业景观和湖泊滩地、山地和丘陵等自然景观。流域地势西高东低，地貌类型包括山地丘陵及平原，土地利用中耕地占 35.38%，建设用地占 23.55%，未利用的土地（包括荒地、裸地）仅占 1.8%（许妍，2011）。流域林地主要集中于西南部，以湖州市、杭州市和无锡市等为主要集中城市；水域分布则以太湖为中心，呈现东北向西南逐渐减少的空间分布形态，丘陵山地主要分布在西部和西南部分。

随着城镇的急剧扩张和经济的快速增长，流域生态环境遭到极大冲击和破坏，致使生态环境系统出现资源退化、环境恶化等问题，生态环境面临着挑战。进一步了解太湖流域生态圈层环境现状，对于从生态系统角度治理与保护太湖具有至关重要意义。根据《长江中下游四大淡水湖生态系统完整性评价》，在太湖流域 2012 年数据与历史数据的基础上，评价得出太湖综合得分为 57 分，生态系统完整性一般，生态系统的自然生境和群落组结构发生了一些较大变化，甚至出现了部分生态功能丧失（黄琪，2016）。

5.1.1 河网

太湖流域河网密布，河道总长度 12×10^4 km，河道面积 2392km² （崔广柏，2007），平原地区河道密度 3.2km/km²，纵横交错，星罗棋布。将水源涵养林、湖荡、湖滨缓冲带串起来，构形成物质传输与生命交流的通道。鄱阳湖流域河网密度 0.036km/km²，随着平均降水量的减少，致使河流干枯，河网密度减小（陆建忠，2015）。

太湖主要入湖河流由南向北、自西向东为大港河、乌溪港、大浦港、陈东港、洪巷港、官渎港、社渎港、太滆南运河、漕桥河、直湖港、梁溪河（无锡市）、太滆运河、武进港（常州市）、小溪港和望虞河（苏州市）。最短的为陈东港，河道长度 2.1km；最长的为武进港，河道长度 29km，各河流年平均径流量在 （0.7～5.5）× 10⁸ m³ 之间。太湖主要出湖河流由南向北分别为太浦河、吴淞江、苏东河、胥江、木光河和浒光运河。太浦河长 57.2km，流经江苏、浙江和上海 3 省市的 15 个乡镇，承泄太湖流域 2/5 洪涝水量；吴淞江全长 125km，是贯通江苏南部和上海市区的重要航道。

21 世纪以来，太湖水系河湖连通性下降，一定程度上加剧了富营养化风险。据太湖流域管理局提供的资料，20 世纪 60 年代与太湖相通的河道有 240 条，环湖大堤建设后，现在真正敞开的进出河道口门只剩下 45 个，太湖湖水置换周期从建堤之前的 281d 增加到 309d，水力交换能力降低。同时，城镇化发展使太湖流域低等级河道的填埋和掩盖不断增加，杭嘉湖地区末端河流存在大量消失的现象，河流主干化趋势明显。1991 年至今武澄锡虞区和阳澄淀泖区城镇面积扩大了近 3 倍，城镇用地增加主要来自水田和水域，水域面积下降了约 36.88％。自 20 世纪 70 年代以来，武澄锡虞区河网水系要素基本都减小，河网密度、水面率及河网复杂程度及河网结构稳定度下降，河网演化区域主干化、单一化及河湖连通性下降。同时，城镇化背景下的水系衰减对河网蓄泄功能也产生了较大影响，使年平均水位和汛期水位呈现上升趋势，导致洪灾风险增大。

5.1.2　湖荡

太湖流域湖泊（包括太湖和水面面积小于太湖的湖荡）面积3159km² （按水面积大于0.5km² 的湖泊统计，合计189个），流域湖荡面积占太湖水面面积的58%。流域湖泊均为浅水型湖泊，平均水深不足2.0m，最大水深一般不足3.0m，个别湖泊最大水深达4.0m。并呈现一核四群的特征，以太湖为核心，形成西部洮滆湖群、南部嘉西湖群、东部淀泖湖群和北部阳澄湖群。太湖湖西区的滆湖是太湖重要的行蓄湖泊，也是区域供水及生态调节的重要水域，湖荡湿地面积约1300km²，占全流域湖荡总面积的41.2%，湖荡湿地主要集中在苏州市、无锡市和常州市。其中，苏州市现有湿地主要包括阳澄湖、漕湖、望虞河和太浦河等；无锡市现有湿地主要包括滆湖、东氿、西氿、马公荡、阳山荡和大浦港等；常州现有湖荡湿地包括长荡湖和滆湖等。

20世纪50年代以来，面积大于10km² 的大中型湖泊都曾有围垦建圩，围垦面积占流域总围垦面积528km² 的55.6%。围垦主要发生在太湖、滆湖和洮湖等，围垦面积分别为160km²、107km² 和22.5km²。河道和湖泊各占1/2。1984～2014 年，太湖围湖利用和围网养殖面积总计78.21km²，大规模的围网养殖不仅加速太湖水环境质量的恶化，同时加剧河湖间的阻隔，导致湖泊湿地生态系统退化和富营养化风险。

20世纪60年代至2009 年期间，因水产养殖业发展，池塘数量大幅增加，造成水体面积呈虚增趋势。而池塘一般是傍河或湖而建，从河流或湖泊引水，四周均有围栏，有一定的换水周期，正常时间与河流湖泊并不连通，且池塘内生物种类比较单一，为水养鱼类。另外，由于人为因素，有些池塘使用一段时间后有被废弃现象，从而出现枯竭。杭嘉湖地区出现大量池塘，若包含池塘，则水体总面积呈增加趋势，由 753.1km² 增加到 940km²，增加了 24.8%；若不含池塘，则水体总面积呈减少趋势，由 753.1km² 减少到 653.5km²，减少了 13.2%。湖泊水产养殖污染主要来源于水面养殖，是湖泊的重要污染源之一。

5.1.3 水源涵养林

水源涵养林属于一种特殊的防护林种，主要功能有延长径流时间、调节水量、蓄水及净水等，泛指河川、水库、湖泊的上游集水区内大面积的天然林和人工林以及其他植被资源。实现水源涵养林的功能需要有相应的森林结构，林木地上部分的持水量仅占森林水源涵养能力的 15%，涵养水源功能绝大部分利用林下枯落物和土壤蓄水（李金良，2004；鲁绍伟，2006）。同时对于水源涵养林，混交及异龄林的稳定性高于纯林和同龄林（惠刚盈，2001；惠刚盈，2007）森林群落里的垂直层次结构越复杂，物种多样性越高，食物网就越复杂，生物调节能力就越强，森林就越健康（李建军，2014）。

太湖流域自然植被分布于丘陵及山地，由北向南植被组成与类型渐趋复杂，北部为北亚热带地带性植被落叶与常绿阔叶混交林，宜溧山区与天目山区均有中亚热带常绿阔叶林分布，但宜溧山区的常绿阔叶林含有不少落叶树种，不同于典型的常绿阔叶林。广大平原地区的植被主要为农作物，在围湖地区分布有大量杨梅、柑橘等果园（吕文，2016）。太湖流域森林植被类型主要有针叶林、针阔混交林、常绿阔叶林、常绿落叶阔叶混交林、毛竹林、灌草丛和经济林等。与洞庭湖流域植被类型存在较大差异，洞庭湖流域属中亚热带北部常绿阔叶林地带，主要类型是杉木类、松类、阔叶类、经济林、灌木类、柏木类、竹类（李建军，2013）。太湖流域混交林较多，其水源涵养稳定性高于洞庭湖流域。

5.1.4　湖滨缓冲带

湖滨带是湖泊的一道天然保护屏障，是健全的湖泊生态系统不可缺少的有机组成部分。作为湿地生态系统，湖滨带可调节物质和能量交换，特别是提高水质质量和维持生物多样性（Correll D. L，2005）。太湖湖滨带对 N、P 和 COD 等指标均有一定的缓冲效果，但对不同的指标的缓冲能力不同（成小英，2013；甘树，2012）。湖滨带的空间结构在横向、纵向和轴向分布上都表现出明显的圈层结构特点，横向结构由陆向辐射带、水位变幅带和水向辐射带组成；纵向结构由空气、植物、水体和底泥构成，轴向结构则是不同岸段湖滨带的景观变化和层次结构，体现了湖滨带的全貌和湖滨带类型的组合（叶春，2015）。

太湖湖滨带岸线总长 405km（孙顺才，1993），73％以上被防洪大堤所包围，其余部分临近山体，属于典型的大堤型湖滨带。梅梁湾段长 76.2km，竺山湾段长 37.7km，西部沿岸段长 34.5km，南部沿岸段长 56.2km，东太湖段长 69.8km，东部沿岸段长 87.7km，贡湖段长 43.2km。按照湖滨带地形地貌分为大堤型、山坡型与河口型三类；根据水文条件和露滩情况，又将大堤型分为长期露滩、间歇露滩和无滩地形，山坡型分为有滩地形和无滩地形合计 6 种类型的湖滨带（叶春，2012）。

近年来，由于当地经济的快速发展和不合理的开发利用，太湖湖滨带生态系统的结构被严重破坏，生境恶化、生态功能退化，严重影响了湖滨带的景观、渔业和农业等（叶春，2007；孙顺才，1993）。仅东太湖湖滨带为健康状态，南部沿岸、东部沿岸、贡湖湖滨带、梅梁湾、竺山湾和西部沿岸的湖滨带的健康状况均受到不同程度的损害（李春华，2012）。潏湖底泥重金属 Ni、Cu、Zn 和 Pb 含量显著高于沉积物背景值（包先明，2016），滇池湖滨带表层底泥中重金属具有很强的生态风险，各重金属对滇池湖滨带生态风险的影响程度由高到低为 Cd、Cu、Pb 和 Zn（焦伟，2010）。

缓冲带的空间结构具有明显的圈层特性：轴向分为三大圈，由外至内分别为外圈、中圈和内圈；垂向分为多层，如空气层、动物层、植物层、土壤层、水层、藻类层、沉积物层和微生物层等；环向体现了不同的土地利用特征，主要包括村落、农田、水塘、工厂、养殖场、食宿服务业（含宾馆、酒店、饭店、农家乐）、学校、加工厂、污水及垃圾的收集与处理设施、道路、堤坝、树林、塘河湖等。环向决定了缓冲带大三圈的各自构成与功能，理想缓冲带的生态部分应该由 6 类植物（乔木-灌木-草本-挺水-浮水-沉水）及其土壤/沉积物/微生物/水/空气等组成，其对来自村落、农田、养殖、工厂、食宿服务业、干湿沉降以及缓冲带外部等带来的污染负荷有良好的削减能力，是一些缓冲带纳污吐清的重要保障体系。轴向体现了缓冲带的功能，以及对人类活动的约束。

5.1.5　太湖水体

20 世纪 50～60 年代，太湖水质类别属 Ⅰ 到 Ⅱ 类，到 20 世纪 70 年代为 Ⅱ 类，完全符合生活饮用水源水质标准。20 世纪 80 年代早期开始由 Ⅱ 类转变为 Ⅲ 类，80 年代末期，因受有机污染影响，全湖由原来的以 Ⅱ 类为主变到以 Ⅲ 类为主，Ⅳ 类和 Ⅴ 类污染水源不断扩大。20 世纪 90 年代水质恶化尤其严重，1/3 的湖区达 Ⅴ 类，进入 21 世纪，2001～2007 年太湖水质均为 Ⅴ 类到劣 Ⅴ 类。2004～2014 年太湖总氮均为劣 Ⅴ 类，2015 年太湖水质有所改善，TN 年均浓度为 1.96mg/L，为 Ⅴ 类标准，达到《太湖流域水环境综合治理总体方案（2013 年修编）》的阶段性目标。但富营养化形势依然严峻，太湖富营养化始自 20 世纪 80 年代（Qin B Q，2007），蓝藻水华覆盖面积从开始时的梅梁湾（Chen Y，2003）逐步扩大到整个西北太湖，至 2007 年前后达到 1000km^2 以上，接近湖面积的 1/2（Zhang Y，2011）。2007 年以来，随着国家和地方政府对太湖治理的开展，太湖富营养化与蓝藻水华的暴发情况有所缓解，但 2015 年水华发生面积与频次较 2014 年均有所上升。

总体上，东部水域、南部水域和湖心区水质好于西部水域和北部水域（吴雅丽，2014）。东太湖的外源营养负荷是全太湖平均外源营养负荷量的 4～5 倍，但却保持了全湖最好的清水状态，其根本原因在于良好的水生植被及其所提供的净化机理（李文朝，1997）。西部与北部水域受沿岸工业发展及农业面源等污染物排放影响，水质相对较差。

5.2 河网水生态特征分析

5.2.1 河网堤岸自然特征

5.2.1.1 堤岸类型调查

自 2010 年 7 月起，作者团队对环太湖近 30 条主要进出河流进行了全程调查，其中太滆运河、武进港、直湖港、蠡河和望虞河均位于北部重污染控制区；漕桥河、殷村港、烧香港、沙塘港、社渎港、官渎港、洪巷港、大浦港、陈东港、乌溪港和大港河位于湖西重污染控制区；合溪新港、长兴港、杨家埠港、小梅港、长兜港、大钱港、幻溇和濮溇位于浙西污染控制区；吴溇、太浦河、胥江、浒光运河和金墅港位于东部污染控制区。

调查结果如下：环太湖河流堤岸分布特性见文后彩图 1。北部重污染控制区及浙西污染控制区内河流人工及自然堤岸均占有一定比例；西部重污染控制区内河流堤岸形式以自然堤岸为主；而东部污染控制区内主要是人工石堤。

5.2.1.2 堤岸植被特征

不同区域堤岸植被的差异性较大，环太湖河流两岸植被分布见文后彩图 2。北部重污染控制区、西部重污染控制区及浙西污染控制区内河流两岸植被主要是灌木；而东部污染控制区内乔本、灌木和草本植物均存在，且人工种植为主。

5.2.2　河网水质空间分布特征

密集河流水网是太湖流域较为独特的自然特点，纵横交织的河流水网不仅是重要的交通航运枢纽，连接城镇与村落的重要纽带，而且是水体交换和资源共享的通道。河流为 N、P 等的主要输入通道，其所携带的污染物综合体现了受纳湖泊的外源污染。工业废水、生活污水、农业径流及污水处理厂排水流经河道，导致 N、P 等在河口处汇集；环太湖河流 200 多条，其中江苏省 15 条主要入湖河流的污染负荷占太湖流域江苏部分入湖污染负荷 80% 以上。

为全面了解太湖流域出入湖河流污染现状，作者团队分别于 2008 年 10 月、2010 年 8~9 月和 2012 年 1~12 月对环太湖主要入湖河流水质采样调查。2008 年 10 月进行了环太湖 53 条出入湖河流水质水量监测，监测频次为每月 1 次。共设置采样断面 53 个（图 5-1），其中无锡、常州地区 27 个、湖州地区 17 个、苏州地区 9 个，覆盖了太湖主要环湖河流。2010 年 8 月对环太湖 29 条主要河流进行监测调查，分析其时空变化特征（卢少勇，2011）。2010 年 9 月对太湖 14 条环太湖河流水质及水生植物优势种中氮磷含量进行分析，探讨其相关性（王强，2012），2012 年 1~12 月逐月对《太湖流域管理条例》确定的 22 条主要环湖河流进行监测，探讨河水中氮素的含量、形态组成和季节性分布规律（韩梅，2014）。

结合历史数据与科研项目调查数据，得到以下结论：出入湖河流污染物的空间分布呈现西北高、东南低的规律，西部和北部重污染控制区污染物浓度明显大于东部和南部以及浙西污染控制区。

2009 年作者团队调查主要出入湖河流水质状况表明，TN、TP、

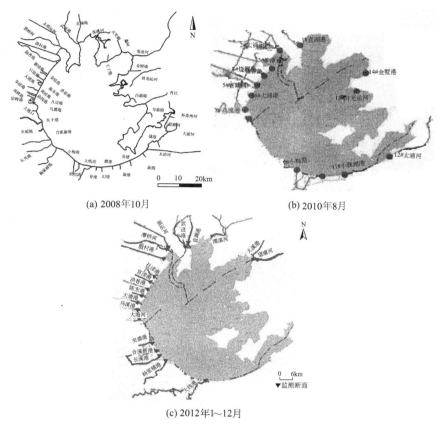

(a) 2008年10月　　　　　　　　　(b) 2010年8月

(c) 2012年1~12月

图 5-1　太湖出入湖河流采样点分布

COD 和 NH_4^+-N 的空间分布均呈现西北部高，东部和南部相对较低趋势（文后彩图 3~文后彩图 6），同时出入湖河流水质劣于 V 类的河流占总出入湖水系的 24%（图 5-2）。水质劣 V 类的河流均属于太湖西北入湖河流，入湖河流的污染问题依然严峻，出湖河流水质明显好于入湖河流，总体以Ⅲ类为主。随着人类活动的干扰增强，交织成网的河流水质恶化，2000~2007 年，出入湖水系的水质类别以Ⅳ类和劣 V 类为主，2008~2014 年Ⅰ~Ⅲ类水质占比增加，劣 V 类水体明显减少。太湖入湖河流水质历史变化如图 5-3 所示。

　　太湖流域出入湖河流的污染物达标达标率见图 5-4。出入湖河流的水体中 NH_4^+-N、TP 和 TN 达标情况以东部污染控制区的出湖河

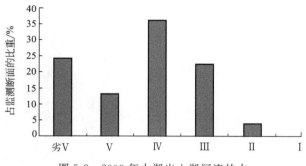

图 5-2　2009 年太湖出入湖河流的水
质优劣占监测断面比重情况

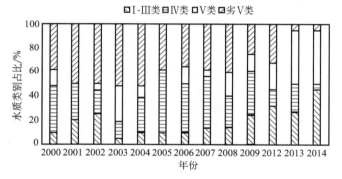

图 5-3　太湖入湖河流水质历史变化

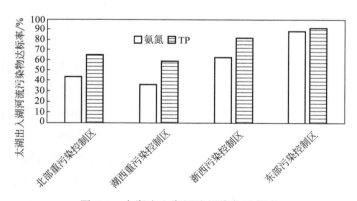

图 5-4　太湖出入湖河流污染物达标率

流水质达标率最高，浙西污染控制区的出入湖河流水质达标率次之，
湖西重污染控制区和北部重污染控制区的入湖河流的达标率最低。东

部污染控制区内多为出湖河流，其水质要明显好于其他控制区，但调查结果表明该区内河流下游水质较上游明显变差，这主要与沿河两岸污染排放有关。调查时段太湖绝大部分水体仍为Ⅴ类或劣Ⅴ类，其中西部沿岸区和竺山湾水域污染最为严重，其次为梅梁湾，湖心区和东部沿岸区水质相对较好，太湖西部沿岸区和竺山湾、梅梁湾水域分别接纳了大量来自湖西和北部重污染控制区内河流输入的污染物，导致其水质恶化。

2010年8月对环太湖29条主要河流进行监测调查，其结果如表5-1所列，北部污染控制区合理水质达标率最低，河流污染最严重；其次是湖西重污染控制区、浙西污染控制区和东部污染控制区。北部重污染控制区、湖西重污染控制区和浙西污染控制区3个区域河流主要超标因子均为氨氮，东部污染控制区河流超标因子为TP，且河流总氮均远高于湖泊Ⅴ类水质标准，可见氮污染是环太湖河流主要污染特征。北部无锡市和常州市经济发达，工业污染突出，对区域内水质影响较大（卢少勇，2011）。

表 5-1　主要入湖河流污染状况

分区	河流水质/(mg/L)	污染程度
北部重污染控制区	TN(3.89)，NH$_4^+$-N(1.70)，TP(0.17)，COD(5.04)	直湖港＞蠡河＞太滆运河＞武进港＞望虞河
湖西重污染控制区	TN(3.89)，NH$_4^+$-N(1.70)，TP(0.17)，COD(5.04)	社㳇港＞官渎港＞洪巷港＞陈东港＞大浦港＞乌溪港＞沙塘港＞殷村港＞漕桥河＞烧香港＞大港河
浙西污染控制区	TN(1.63)，NH$_4^+$-N(0.34)，TP(0.18)，COD(5.01)	长兴港＞小梅港＞杨家埠港＞长兜港＞大钱港＞合溪新港＞幻溇＞濮溇
东部污染控制区	TN(2.21)，NH$_4^+$-N(0.76)，TP(0.09)，COD(5.32)	胥江＞浒光运河＞金墅＞太浦河＞吴溇

2012年1~12月对20条主要环湖河流进行监测，河流的选择以《太湖流域管理条例》及河流是否入湖为依据。水质指标为TN、NH$_4^+$-N、亚硝态氮和硝态氮。2012年1~12月逐月对《太湖流域管理条例》确定的22条主要环湖河流进行监测，探讨河水中氮的含量、

形态组成和季节性分布规律（韩梅，2014）。

2012年20条环湖河流水体的TN平均值为2.53～6.31mg/L，高于长江干流；与2010年相比，入湖河流的TN浓度有所上升。

4条重度污染河流的TN浓度平均值为5.68～6.31mg/L，溶解态有机氮占80%，为氮的主要组成部分；有机氮的平均值不足总氮的20%。重度污染河流均位于太湖北部和西部，流域内分布有无锡市、常州市、宜兴市及长兴县，是太湖流域工业密布区，乡镇企业较多，对河流水质影响较大。太滆运河不仅TN浓度较高，而且入湖水量大，对太湖富营养化水平影响较大。

9条中度污染河流的TN浓度平均值为4.68～5.41mg/L，其中DIN（溶解态无机氮）浓度平均值为3.29～4.36mg/L，占TN浓度的68.65%～83.88%；有机氮浓度的平均值为0.77～1.55mg/L，占TN浓度的16.12%～31.55%。中度污染河流主要位于太湖西部，基本以入湖为主，仅漕桥河部分月份滞流，水质受到宜兴市生活污水与农业面源污染的影响，对太湖水质也有较大影响。望虞河作为引江济太的重要引水通道，TN浓度平均值在20条河流中最低，仅为2.53mg/L。

其余6条轻度污染河流TN浓度平均值为2.55～4.17mg/L；DIN浓度平均值为1.72～2.74mg/L，占TN浓度的62.25%～76.81%；ON浓度平均值为0.74～1.43mg/L，占TN浓度的23.19%～37.75%。轻度污染河流分布在太湖西南，均位于湖州市，其中3条河流分布在苕溪流域。苕溪上游生态保护较好，从上游到中下游的水质较好且水量较大，因此其污染相对较轻。另一方面，这些河流流态变化较为复杂，水质受河流和湖泊相互影响。2012年20条河流水体中TN污染水平见表5-2。

表5-2 20条环湖河流水体中TN污染水平

TN/(mg/L)	污染	河流名称
≥5.5	重度污染河流	长兴港、直湖港、武进港、太滆运河
4.5～5.5	中度污染河流	漕桥河、殷村港、社渎港、官渎港、洪巷港、陈东港、大浦港、乌溪港、大港河
≤4.5	轻度污染河流	夹浦港、合溪新港、杨家浦港、庑儿港、苕溪、大钱港、望虞河

不同河流中 TN 的组成差异显著。其中，大港河 TN 以 NO_3^--N 为主，其浓度占 TN 浓度的 97.31%；NH_4^+-N 浓度和 NO_2^--N 浓度分别占 TN 浓度的 1.99% 和 0.70%。其余 19 条河流中 NH_4^+-N 浓度平均值为 0.26～2.41mg/L，TN 浓度的 15.30%～57.78%；NO_3^--N 浓度平均值为 1.35～2.69mg/L，占 TN 浓度的 39.22%～81.98%；NO_2^--N 浓度平均值为 0.015～0.160mg/L，仅占 TN 浓度的 0.82%～3.55%。这与文献认为的河水中 NO_2^--N 不稳定，而且 NO_2^--N 浓度很低的观点一致。NH_4^+-N 浓度作为重要水质指标，可表征河流受生活污水、工业废水及畜禽养殖等点源污染的程度。4 条重度污染河流 NH_4^+-N 浓度平均值为 2.04～2.41mg/L，占 TN 浓度的 43.60%～51.05%（平均值为 46.90%）。NH_4^+-N 浓度已达到对水生生物产生毒性的程度，威胁饮用水水源安全。NO_3^--N 浓度平均值为 2.08～2.69mg/L，占 TN 浓度的 45.46%～53.54%（平均值为 50.13%）。这 4 条河流的 NH_4^+-N 浓度、NO_3^--N 浓度和 NO_2^--N 浓度均维持在较高水平。

20 条环太湖河流 TN 浓度平均值空间分布如图 5-5 所示，环太湖河流河水中氮平均值与组成的空间分布如图 5-6 所示。

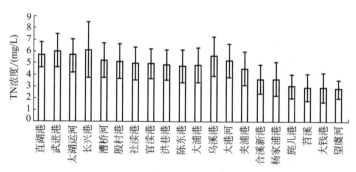

图 5-5　20 条环太湖河流 TN 浓度平均值空间分布

因各条河流的污染物来源不同，20 条环湖河流汛期和非汛期氮浓度的差异不同。重度污染河流中汛期 TN、NH_4^+-N、NO_3^--N 浓度分别为 4.11～5.30mg/L、1.26～1.92mg/L 和 1.39～2.18mg/L，非汛期浓度分别为 6.90～7.32mg/L、2.51～3.25mg/L 和 2.77～3.19mg/L，三者均表现为非汛期高于汛期。汛期河流中氮素含量高，

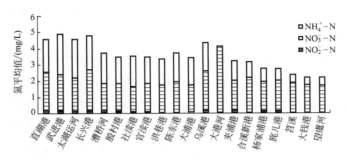

图 5-6　环太湖河流河水中氮平均值与组成的空间分布

并主要来自非点源污染（郑丙辉，2009）。汛期与非汛期环太湖河流
中氮浓度的分布如图 5-7 所示。

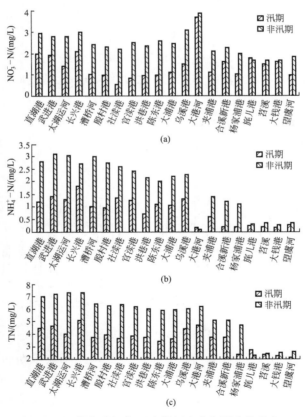

图 5-7　汛期与非汛期环太湖河流中氮浓度的分布

　　2010 年 9 月对太湖 14 条环太湖河流水质及水生植物优势种的 N、P 含量进行了分析，14 条调查河流水质 TN 平均浓度为 2.49mg/L。NH_4^+-N 平均浓度为 1.09mg/L，达地表水Ⅳ类标准；TP 平均含量为 0.16mg/L，达地表水Ⅲ类标准；COD 平均浓度为 6.03mg/L，达地表水Ⅳ类标准。此外，调查达Ⅲ类地表水标准的河流有 5 条，达Ⅳ类、Ⅴ类和劣Ⅴ类河流分别为 3 条。监测表明河流 TN 浓度远高于湖泊Ⅴ类水质标准值，可见氮污染是太湖入湖河流的主要污染特征。菱草和水花生茎叶中 TN 含量与河水中 TN 浓度相关性不显著；菱草和水花生茎叶中 TP 含量与河水中 TP 浓度呈显著性相关。不同水生植物对营养元素富集的阶段不同，此外，一些季节存在茎叶中 N 或 P 向根系转移的现象，使 9 月两种植物茎叶中的 N 含量与河水中含量相关性不显著（王强，2012）。

　　水生植物体内 N、P 含量与河水浓度相关性见表 5-3。

表 5-3　水生植物体内 N、P 含量与河水浓度相关性

项目	菱草（茎）	菱草（叶）	水花生（茎）	水花生（叶）
TN	0.126	0.298	−0.202	0.476
TP	0.887*	0.867*	0.846*	0.809*

　　注：* 表示显著性差异，$P < 0.05$。

　　太湖流域 22 条主要入太湖河流中，Ⅴ类及劣Ⅴ类河流占 50%〔10 条河流为Ⅴ类、1 条（太滆运河）河流为劣Ⅴ类〕。入湖河流水质有待进一步提高。江苏省境内 15 条，4 条达到或优于Ⅲ类，1 条为Ⅳ类，9 条为Ⅴ类，1 条劣Ⅴ类（太滆运河）。浙江省境内 7 条，6 条达到或优于Ⅲ类，1 条为Ⅴ类（夹浦港）。太湖流域河网总长度 12×10^4 km，据不完全统计，现已有 70% 以上的河长受到不同程度的污染，其中上海市污染河长占 89%～92%，江苏省占 82%～87%，浙江省占 72%～79%，并呈逐年恶化趋势。在过去的 10 年中，河流水质总体上下降了 1～1.5 个类别。河流水污染范围不断扩大，已经由 20 世纪 70～80 年代的城市河段扩散到周边河网地区，并且与乡镇企业造成的小城镇污染连成一处。随着河流有机污染加重，水体中有毒、有害及难降解污染物质增加。

太湖流域共有 22 条入湖河流，2012～2014 年以来，劣Ⅴ类河流逐渐减少，Ⅴ类水质河流增多。出太湖河流主要有太浦河、胥江和瓜泾港水质较好，以Ⅱ～Ⅲ类为主，新通安河、浒光运河、苏东运河及木光河水质较差。如表 5-4 所列。

表 5-4　主要入太湖河流水质状况

水质类别	Ⅱ类	Ⅲ类	Ⅳ类	Ⅴ类	劣Ⅴ类
2014 年	4	6	1	10	1
2013 年	3	3	5	10	1
2012 年	3	4	3	5	7

太湖入湖河流主要分布于湖区北部和西部，其中，北部入湖水量占太湖上游来水总量的 25%，西部入湖水量占 75%（牛勇，2013）。

5.2.3　河网底质空间特征

以环太湖 31 条主要河流入出湖口的沉积物为对象，分析了太湖流域 4 个区内河流入出湖口表层沉积物中污染物指标，包括 TN，TP，磷形态，有机质（OM）的含量，揭示主要河流入出湖口处沉积物污染状况，见图 5-8～图 5-10，取样点见文后彩图 7。

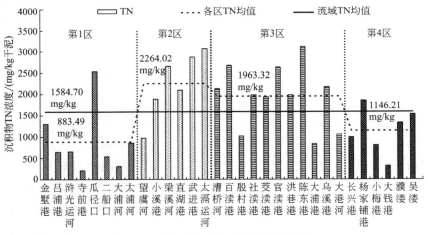

图 5-8　环太湖主要河流沉积物氮含量

结果表明：第 2 区和第 3 区污染物含量较高，第 1 区和第 4 区含量较低；各区沉积物中营养盐平均含量次序，TN：第 2 区（2264.02mg/kg）＞第 3 区（1963.32mg/kg）＞第 4 区（1146.21mg/kg）＞第 1 区（883.49mg/kg）；TP：第 2 区（864.06mg/kg）＞第 3 区（701.20mg/kg）＞第 4 区

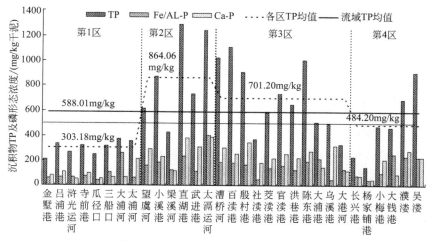

图 5-9　环太湖主要河流沉积物磷含量

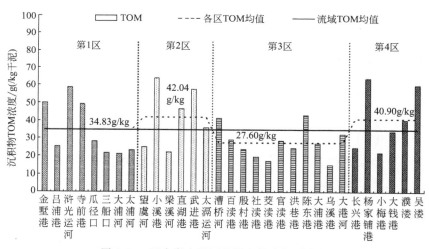

图 5-10　环太湖主要河流沉积物有机质含量

（484.20mg/kg）＞第 1 区（303.18mg/kg）；铁铝磷（Fe/Al－P）：第 2 区（202.40mg/kg）＞第 4 区（152.38mg/kg）＞第 3 区（142.59mg/kg）＞第 1 区（89.57mg/kg）；有机质（OM）：第 2 区（42.04g/kg）＞第 4 区（40.90g/kg）＞第 1 区（34.84g/kg）＞第 3 区（27.60g/kg）。

综合氮磷指标，对太湖重度污染区（太湖的北-西北-西部分）水体富营养化影响最大的入湖河流有太滆运河、百渎港、陈东港、漕桥河、直湖港、武进港、官渎港、小溪港、殷村港、洪巷港、茭渎港和乌溪港。以上河流的沉积物的 TN 和 TP 含量均超标（陈雷，2011）。

其中,对环太湖 7 条重点河流沉积物进行了分析和研究(卢少勇等,2012)。主要分析了如下指标:NH_4^+-N、NO_3-N、TN、IP(无机磷,inorganic phosphorus)、OP(有机磷,organic phosphorus)、TP 和 OM(有机质)含量等指标,见文后彩图 8、图 5-11。

对以上数据进行分析,得出以下结论:

a. 7 条河流总氮含量在 720.74～2121.86mg/kg,其中最大值出现在湖西重污染控制区的社渎港,最小值出现在浙西污染控制区的长兜港;b. 7 条河流总磷含量在 627.65～1543.30mg/kg,其中最大值出现在北部重污染控制区的望虞河,最小值出现在浙西污染控制区的长兜港;c. 7 条河流有机质含量在 14.26～29.09mg/g 之间,其中最大值出现在东部污染控制区的太浦河,最小值出现在浙西污染控制区的长兜港。

入湖河流沉积物中重金属分布如下所述。

在沉积物中以弱酸溶解态存在的重金属,由于其键合力微弱,在中性和酸性条件下极易释放,因而具有快速生物可利用性(Singh K P,2005)。

2008 年 10 月,实地考察太湖主要进出河流,在其进出湖河流处采集表层沉积物样品(0～10cm)共 24 个,分别取自梁溪河、武进港、百渎港、沙塘港、新渎港、陈东港、乌溪港、夹浦港、合溪新港、长兴港、杨家浦港、小梅港、长兜港、大钱港、濮娄、吴娄、太浦河、戗港、胥口、吕浦港、浒光运河、金墅港、望虞河和蠡河(文后彩图 9)。用麦哲伦 315 型定位仪,测定了 Pb、Cd、Cu、Zn、Cr、Ni 的含量;诸河流各河口都不同程度地受到重金属污染,其中表层沉积物中主要生态风险因子是元素 Cd,已达强生态危害,各重金属对太湖生态风险影响程度从高到低依次为 Cd>Cu>Pb>Ni>Zn>Cr。本次监测的 24 点位(蠡河河口)污染最严重,达到很强生态危害(见表 5-5,表 5-6)。河流 1、2、3、4、6、7、8、9、10、11、13、14、15、17、21、22 和 23 等点位重金属污染程度达到强生态危害,5 达到轻微生态危害,12、16、18、19 和 20 达中等生态危害

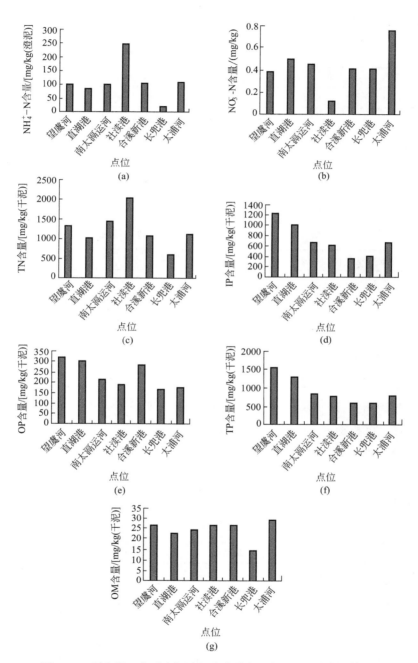

图 5-11　环太湖 7 条重点河流沉积物的氮、磷和有机质含量结果

（焦伟等，2010）。

表 5-5　入湖河流底泥重金属浓度

元素类别	平均值/(mg/kg)	最高点/(mg/kg)	最低点/(mg/kg)	背景浓度值/(mg/kg)
Pb	44.28	蠡河(225.00)	新漊港(9.09)	15.70
Cd	5.43	合溪新港(9.28)	新漊港(2.41)	1.99
Cu	56.83	蠡河(170.94)	新漊港(23.45)	15.40
Zn	128.99	蠡河(266.38)	新漊港(51.91)	65.10
Cr	42.52	武进港(90.00)	吕浦港(22.00)	71.80
Ni	42.21	蠡河(82.88)	新漊港(21.23)	19.80

表 5-6　主要入湖河流重金属生态危害程度

生态危害程度	河流
很强生态危害	蠡河
强生态危害	梁溪河、武进港、百渎港、沙塘港、陈东港、乌溪港、夹浦港、合溪新港、长兴港、杨家浦港、长兜港、大钱港、濮娄、太浦河、浒光运河、金墅港、望虞河
中等生态危害	小梅港、吴娄、戗港、胥口、吕浦港
轻微生态危害	新漊港

　　2008 年 11 月，采集了太湖进出湖河口 16 个表层沉积物样品，测定了沉积物中 Pb、Cd、Cu、Zn 4 种重金属含量（文后彩图 10）。16 条环太湖河流河口受到不同程度的重金属污染，Pb、Cd、Cu、Zn 4 种重金属在大多数采样点的含量均超过临界效应浓度值（TEL）。如表 5-7 所列。

表 5-7　太湖主要出入湖河流重金属含量　单位：mg/kg

项目	平均值	最高点	最高点	临界浓度值
Pb	53.1	浒光运河(100.00)	沙塘港(5.00)	35.00
Cd	3.19	八房港(5.10)	吕浦港(1.54)	0.60
Cu	58.99	百渎港(195.67)	沙塘港(18.64)	36.00
Zn	166.29	胥口(321.78)	沙塘港(54.17)	126.29

　　重金属污染强度：北部河流＞南部河流，这可能与太湖北部沿岸存在较多的电子电镀及化工等行业有关。从河流出入湖情况看，总体

呈现出入湖河流＞出湖河流的规律，重金属随河流入湖，通过絮凝或沉淀作用转为固相。4 种重金属的稳定程度依次为 Cd＜Zn＜Pb＜Cu，相对于元素 Pb 和 Cu，Cd 和 Zn 的二次释放潜力及潜在生态危害更高（卢少勇等，2010）。

5.2.4 河网水生植物空间分布特征

自 2007 年以来，太湖流域水生植物调查结果表明，江苏滆湖以及滆湖联通太湖的主要河道——太滆运河与漕桥河里的水生植物共有 10 科，16 属，19 种，从该段流域看，以挺水、漂浮和浮叶植物为主，偶见沉水植物。优势水生植物有菰、芦苇、空心莲子草和凤眼莲。物种出现频度较高的有禾本科的菰、芦苇和大芦，苋科的空心莲子草，雨久花科的凤眼莲，眼子菜科的篦齿眼子菜及水鳖科的水盾草。在本次调查中未见浮叶植物，所见的漂浮植物仅见浮萍、紫萍、凤眼莲和水鳖。部分样点沉水植物生物量较大，如眼子菜科的篦齿眼子菜达到 2300g 鲜重/m^2，水鳖科的水盾草达 660g 鲜重/m^2。在所调查的水域，因航运繁忙，河流附近的化工及印染工厂繁多，周围居民密集，人类活动干扰强度大，所以河岸带植物分布片断化非常严重，在该段流域中游河区尤其为甚，沉水植物在河道分布区狭窄，入侵耐污种如凤眼莲和空心莲子草分布较广（张萌，2009）。

太湖的直湖港和武进港河岸带出现水生植物 12 科，18 属，20 种，以挺水植物和浮叶植物为主，也分布有一定数量的沉水植物，常见的植物有禾本科、蓼科、莎草科和菊科。本次调查中漂浮植物仅有浮萍、紫萍、水鳖和水葫芦。由于两河流平行入湖，两河存在多处网络交织结构，河岸的冲积滩面积较小且两岸多人工筑堤，自然河岸毁坏较严重，周围居民密集，厂矿较多，人类干扰强度很大，所以河岸带植物分布片断化严重，沉水植物分布狭窄，但入侵耐污种漂浮植物凤眼莲和浮叶植物水花生广布。水生植物优势种仅有金鱼藻和黑藻，金鱼藻种群出现频度较高，其次为黑藻，河道下游河段偶见竹叶眼子菜；漂浮植物紫萍、浮萍、凤眼莲和水鳖分布较广，紫萍种群出现频度很高，凤眼莲为该类群的优势种；挺水植物优势种为芦苇、菰、荻和大芦，主要分布于河岸破坏较轻的河港中游。浮叶植物空心莲子草为该片层的优势种；京杭大运河与太湖间的连接重要纽带——直湖港和武进港，其沿岸频繁的人类活动增加了大量人类废弃物的输入，河内的繁忙航运带动了河道上下游水体充分混合，京杭大运河可能污染的河水也大量输入了两河港内，水生植物却只有在中游段分布最广，多样性最高，可能反映出水质变化；在中游以下是人口较稠密的河段，人类干扰严重，水生植物多样性骤减，种群偏向单一化。入梅梁湾湖口达到最小，基本无大型植物分布。望虞河出现水生植物 12 种；水生植物优势种为芦苇和苦草。

人类活动的过度干扰已很大程度上导致了河流水生植被，尤其是起重要稳定作用的沉水植被大面积丧失。淡水生态系统中有"水下森林"之称的沉水植物群落的破坏会导致系列物种灭绝，有学者曾指出草食性鱼类的过度放养会导致水草顶级群落的极度破坏及由此会诱发一系列次生性灭绝。对太滆运河与漕桥河而言，太滆运河航运繁忙，河内航运带动了河道上下游水体充分混合并加快水生植物凤眼莲（E. crassipes）向下游漂动，漕桥河河岸两侧化工、印染及棉纺等轻工行业较多，人口密集，沿岸频繁的人类活动增加了人类废弃物的输入，水质极差，水生植物在两河的中游河段种类极少，群落偏向单一化，却只有在靠近河口的河段种类最多，多样性最高，也可能反映水质和生境的变化。此外，水质恶化导致本地水生植被大肆衰退，耐污能力超群的入侵种乘虚而入，给整个生态安全带来了严重隐患。

总体上，底泥和水体间的物质交换呈复杂的补偿特点，从水环境恢复角度看，控制水体的 N、P 浓度和降低底泥 N、P 含量是目前太湖上游流域的河道治理和湖泊水质恢复的关键，是水生植物物种多样性恢复的重要一环，河道、湖泊治理和生态恢复应统筹全局、综合治理。此外，太湖水质呈日益恶化的趋势，蓝藻水华暴发愈趋严重，暴发面积不断扩大，以北部湖区的梅梁湾和竺山湾最为严重，作者团队调查所涉及的上游联通湖泊和入湖河道是该湖区的主要负荷源，秋冬季的水生植被的调查将为秋冬季水体生物修复提供参考。

5.3　湖荡水生态特征分析

由于太湖上游地区水系发达，湖荡湿地密布，对太湖流域污染物拦截和水质净化具有重要作用。但由于流域湖荡生态系统功能退化，对污染物净化和拦截能力下降。受太湖城市化、水体高密度养殖、污染排放增加等影响，湖荡水体生态退化严重，水生生物多样性全面衰退。湖荡生态系统的退化势必会削弱和降低其污染物转化和拦截功能。2010 年，太湖湖荡湿地面积约 $1300km^2$，苏州、无锡和常州三市辖区分布最为密集（陈小华，2013）。

近 50 多年来，苏南地区湖荡面积发生了明显改变。1958～1985 年期间，苏南地区湖荡由于围湖种植和养殖等，共建圩 600 余座，面积 $760km^2$，涉及的湖荡数量共 242 个，其中因围湖利用而消失或基本消失的湖荡 166 个，面积合计 $351.31km^2$。

5.3.1　湖荡水质空间分布特征

调查了 200 多个湖荡的生态状况，各类湖荡典型优势群落及其生物量，如果植物群落为非单优群落，按照各优势类群所占面积和优势种生物量，按权重计算各区湖荡的湿地植物生物量。同时，调查了湖荡水质与底质的营养盐含量特征。

重污染区域主要集中在流域西北部，即常州和无锡辖区。湖荡共抽样调查 86 个，采集监测样点 178 个。其中浙西污染控制区和南部太浦污染控制区共调查 20 个湖荡湿地，采集调查样点 40 个；东部污染控制区共调查 20 个湖荡湿地，采集样点 39 个；北部重污染控制区共调查 29 个湖荡湿地，采集样点 70 个；湖西重污染控制区共调查 17 个湖荡湿地，采集样点 29 个。

86 个湖荡湿地水质富营养化污染状况大致可划分为 4 大类：第 1 类分布在 PCO 分析两环境因子轴的得分值大于 0.65 的湖荡，是水质污染最严重的湖荡，高锰酸钾指数和氨氮严重超标的样点，地理上主要分布于太湖流域西北部，包括曙光荡、西夏湖、都山荡、马公荡、东坡荡、老鸦塘、直湖港、长白荡、南白塘、钱墅荡、锡北运河、洋溪河等；第 2 类分布在 PCO 两环境因子轴的得分值小于 0.65，是水质污染次严重的湖荡，部分指标严重超标，地理上也主要分布于太湖流域西北部，包括团汊、西汊、东汊、无名、鹅湖、周墅里、马文河、堂甘湖、临洼荡等；第 3 类分布于 PCO 环境因子轴第二象限，赋值得分大于 −0.5，是污染相对较轻的湖荡，主要分布于太湖流域东南部，包括黄泥荡、漏湖、钱山漾、浪湖漾、圣湖、五里湖、三角漾、蚬于兜等；第 4 类分布在环境因子两轴得分小于 −0.5，是污染最轻的湖荡，主要分布于太湖流域东南部，还有流域西北部的深水水库，包括北山水库、义家漾、横山漾、两村荡、阳山荡等。

在太湖流域，仅重污染区的湖荡湿地水体中 TN 含量与 NH_4^+-N 含量存在较好的正相关关系，表明重污染区湖荡水体中 NH_4^+-N 对 TN 含量的贡献较大；仅重污染区湖荡湿地水体中 TN 含量与 TP 含量存在显著的正相关关系，表明重污染区水体主要受生活污染源或食品饮料类工业污染源的污染；仅重污染区湖荡湿地水体中 TN 含量与高锰酸钾指数间存在较好的正相关关系，表明水体中还原性物质以含氮物质为主，推测 NH_4^+-N 等贡献较大，见文后彩图 11。

5.3.2　湖荡底质空间分布特征

徐泽新等于 2009 年 7～8 月调查了太湖流域的常州、湖州、苏州、无锡及宜兴等地区面积 $10km^2$ 以下的湖荡湿地的沉积物 As 和 Hg。太湖流域地区湖荡湿地沉积物均未受 As 的污染，但局部地区如无锡市、湖州市等地的湖荡湿地沉积物中的含量超过了环境背景值。湖州市、苏州市、无锡市及宜兴市等地的湖荡湿地沉积物中 Hg 的污染水平均达到了偏重度污染水平。Hg 与沉积物营养盐（TN、TP）之间均存在较好的相关性（徐泽新，2013）。

阳澄湖是太湖平原第三大淡水湖，是苏州工业园区饮用水水源和昆山饮用水水源傀儡湖的补给水源。其南北长 17km，东西宽 11km，面积 119km²。湖体被两条带状沙埂分成西、中和东 3 个湖区，为典型的城市浅水湖泊（Chen Liping，2012；Chen Lijing，2015）。阳澄湖 TN 均为重度污染状态，TP 除阳澄湖西湖外大部分区域处于轻度污染状态，阳澄湖西湖的重金属含量要高于阳澄中湖和阳澄东湖，其中 Hg 和 Cd 是主要的生态风险贡献因子（蒋豫，2016）。

长荡湖表层沉积物的氮水平处于重度污染状态，且磷、有机碳均已受到一定程度的污染（朱林，2015）。

吴艳宏等对太湖流域东汍、西汍近百年 Hg 的富集特征的研究表明东汍和西汍沉积物中 Hg 含量呈持续上升趋势，人为贡献量占到沉积物中 Hg 含量的 2/3（吴艳宏，2008）。

蠡湖重金属大部分处于不稳定状态，快速解吸释放风险较大。沉积物-上覆水界面间的物质交换主要通过间隙水实现，且底栖生物的生长环境及其生物毒性效应都与间隙水体息息相关（马英国，1999；Jiang X，2012）。间歇水体毒性评估表明，各种重金属不会对水生生态系统产生急性毒性，但部分区域尤其是入湖河口的 Hg 和 Pb 可能会对底栖生物产生慢性毒性（王书航，2013）。

5.3.3　湖荡水生植物空间分布特征

5.3.3.1　湖荡水生植物调查与分布特征分析

水生高等植物是浅水湖泊生态系统的重要组成，在湖泊生态系统中十分重要。湖泊水生植被不仅是湖泊鱼类的主要天然饵料，而且是湖泊演化和湖泊生态平衡的重要调控者。水生高等植物不仅是湖泊重要的初级生产者，而且对水生态系统的结构和功能具有决定性的影响。20 世纪 70 年代以来，由于人类污染物不断排放、围湖造田和渔业生产等人为干预，其群落结构发生显著变化，突出表现为沉水植物类群退化。目前水生植物主要为挺水植物和浮叶植物，沉水和漂浮植物较少。挺水植物以芦苇和水花生为主，尤其是水花生占比重很大；浮叶植物中，菱和水鳖占比很大，尤其是水鳖占相当大优势。沉水植物以金鱼藻和黑藻等占优势，但分布面积和覆盖度均不高。

（1）太湖湖荡水生态调查

2009 年夏调查表明，太湖湖荡湿地水生植被常见有 64 种，隶属于 31 科 48 属。所有调查湖荡中芦苇（*Phragmites australis*）、菰（*Zizania latifolia*）、水花生（*Alternanthera sessilis*）、水鳖（*Hydrocharis dubia*）、浮萍（*Lemna minor*）、稀脉萍（*Lemna paucicostata*）以及金鱼藻（*Ceratophyllum demersum*）出现频率最高，分布区域最广，生物量较大的有芦苇、菰、水花生和水鳖。常见类群有 11 个，如芦苇（*P. australis*）单一群丛、菰（*Z. latifolia*）单一群丛、水花生（*A. sessilis*）单一群丛、狭叶香蒲（*Typha augustifolia*）单一群丛、荇菜（*Nymphoides peltatum*）单一群丛、菱（*Trapa* sp.）单一群丛（包括耳菱和菱两种）、金鱼藻（*C. demersum*）单一群丛、水鳖（*H. dubia*）＋浮萍（*L. minor*）群丛、浮萍（*L. minor*）＋稀脉萍（*L. paucicostata*）群丛和水鳖（*H. dubia*）＋槐叶萍（*Salvinia natans*）-金鱼藻（*C. demersum*）群丛。

在所调查的湖荡湿地中，真性水生植物的多样性指数在静水湖荡和污染相对较轻的水体较高。太湖流域湖荡湿地主要以芦苇、菰和水花生为湖荡沿岸带的构建种类，且分布面积广、出现频率高、生物量大、耐污能力强，能形成较为稳定的群落，水花生作为入侵种有侵占河道和湖岸的趋势，优势度不断增大，对菰群落构成较大的威胁。因此，污染严重的区域需加强水花生的收割与管理。

湖荡湿地的漂浮植物以水鳖和浮萍占优势，伴生有槐叶萍、紫萍、稀脉萍和满江红，水葫芦在深秋季节的某些湖荡占优势，呈季节演替的特点。湖荡的沉水植物以耐污种金鱼藻和水盾草占优势，更严重的是，在重度污染功能区许多湖荡的沉水植被已消失，出现大片次生裸地，这些水体植被群落结构简单，水质较差，水生植被群落呈严重逆行演替。

总体看，挺水植物芦苇和菰为该片层的优势类群，其中生物量最大的是芦苇，浮叶植物水花生为该片层的优势物种，但在部分湖荡湿地中浮叶植物荇菜占优势，漂浮植物水鳖和浮萍占优势地位，水葫芦和满江红占次优势地位，而在沉水植物中金鱼藻占优势地位，入侵种水盾草在局部湖荡生物量大，有更替为优势种的趋势。从生物多样性看，太湖湖荡每个湿地的水生植物物种多样性较低，且真性水生植物种类稀少，且以耐污种为主。目前多数湖荡湿地已退化成次生裸地，其中沉水植物种类稀少，分布区域狭小，群落盖度与密度以及现存量均较小，在流域局部区域的湖荡湿地中，沉水植物群落退化非常严重。这可能归因于人类活动密集、渔业养殖以及行船密集，水体干扰频繁，水质污染严重及保护措施欠缺等。

通过比较不同分区湖荡水生植物生物量和覆盖率（图5-12、图5-13），东部污染控制区湖荡水生植物生物量明显高于其余四个区。而从水生植物覆盖率角度而言，南部太浦污染控制区最高，其次是湖

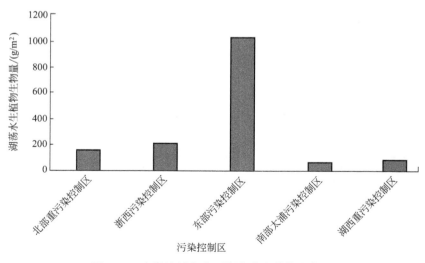

图 5-12　太湖流域各分区湖荡水生植物生物量

西重污染控制区、浙西污染控制区。

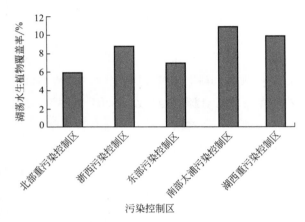

图 5-13　太湖流域各分区湖荡水生植物覆盖率

（2）典型湖荡水生态调查

分别选取水生植被分布较多的两大湖荡（长荡湖、阳澄湖），调查其水生植物种类及分布情况。

在长荡湖设置了 10 个采样点，采样点布设见文后彩图 12。

长荡湖水生植物调查结果如表 5-8 所列。由表 5-8 可知，长荡湖所选 10 个采样点中，植物种类较单一，挺水植物以芦苇、水花生、菱草为主；浮水植物中，四角野菱、荇菜、水鳖出现频率较高，其有些采样点还伴有少量的槐叶萍、萍；沉水植物中，除采样点 3-1、4、5 没有沉水植物外，其余采样点均出现金鱼藻，且生物量较大，金鱼藻为优势种。

表 5-8　长荡湖水生植物调查结果

采样点	挺水植物	浮水植物（盖度）	沉水植物/（生物量/m²）
1	芦苇、水花生、菱草	四角野菱（70%）、水鳖（20%）、荇菜（8%）、槐叶萍（2%）	金鱼藻（10g）
2	芦苇、水花生、菱草	荇菜（90%）、水鳖（5%）、萍（4%）、槐叶萍（1%）	金鱼藻（15g）
3-1	芦苇、水花生、菱草、荆三棱	水鳖（50%）、萍（40%）、槐叶萍（10%）	无
3-2	芦苇、水花生（少量）、菱草	荇菜（80%）、水鳖（5%）、萍（12%）、槐叶萍（3%）	金鱼藻（10g）
3-3	芦苇、水花生、菱草	水鳖（70%）、荇菜（10%）、萍（15%）、槐叶萍（5%）	金鱼藻（10g）

续表

采样点	挺水植物	浮水植物（盖度）	沉水植物/（生物量/m²）
4	芦苇、水花生、	四角野菱（20%）	无
5	芦苇、香蒲	四角野菱（50%）、荇菜（50%）	无
6	芦苇、香蒲、荻草	荇菜（70%）、四角野菱（28%）、槐叶萍（2%）	金鱼藻（600g）、轮叶黑藻（600g）、茨藻（1200g）
7	无	四角野菱（50%）、荇菜（50%）	金鱼藻（200g）
8	无	四角野菱（1%）、荇菜（1%）	金鱼藻（2.6kg）、轮叶黑藻（500g）、苦草（100g）、穗花狐尾藻（200g）、微齿眼子菜（300g）
9	荻草	荇菜（70%）、四角野菱（5%）	金鱼藻（1.2kg）、轮叶黑藻（100g）、苦草（20g）、茨藻（10g）
10	芦苇、水花生、荻草	荇菜（10%）、四角野菱（10%）、槐叶萍（5%）、水鳖（60%）	金鱼藻、苦草（70g）、轮叶黑藻、残枝

在阳澄湖设置了6个采样点，采样点布设见文后彩图13。

阳澄湖水生植物调查结果见表5-9。

表 5-9 阳澄湖水生植物调查结果

采样点	挺水植物	浮水植物（盖度）	沉水植物/（生物量/m²）
1	芦苇、荻草	荇菜（50%）、四角野菱（30%）	黑藻（80g）、金鱼藻（700g）、菹草（100g）
2	无	荇菜（20%）、四角野菱（30%）	穗花狐尾藻（600g）、金鱼藻（2000g）、黑藻（1500g）
3	无	四角野菱（8%）、水鳖（10%）、荇菜（1%）	穗花狐尾藻（400g）、金鱼藻（2.8kg）、黑藻（50g）、马来眼子菜（20g）
4	芦苇、莲	水鳖（5%）、四角野菱（10%）	金鱼藻（900g）、苦草（200g）、穗花狐尾藻（100g）
5	无	水鳖（5%）、四角野菱（45%）	金鱼藻（700g）、黑藻（50g）
6	芦苇、荻草、水花生	无	无

由表5-9可知，阳澄湖6个采样点中，挺水植物种类较为单一，分别是芦苇、荻草、莲、水花生；浮水植物中，荇菜、四角野菱、水

鳖出现较多，但覆盖度均不高；沉水植物中，主要出现黑藻、金鱼藻、菹草、穗花狐尾藻，其中，金鱼藻的最大生物量达 $2kg/m^2$，黑藻的最大生物量达 $1.5kg/m^2$。

比较太湖、长荡湖与阳澄湖调查结果可见，挺水植物种类均较单一，出现频率最多的是芦苇，其次是菱草、水花生和莲，有些采样点伴有少量的香蒲及荆三棱；浮水植物中，太湖、长荡湖与阳澄湖出现频率最多的是荇菜，太湖的浮水植物种类较丰富，出现频率较多的是荇菜、四角野菱和水鳖；长荡湖主要有四角野菱、水鳖和荇菜，有些采样点还伴有少量的萍和槐叶萍；阳澄湖的浮水植物的种类较单一，只有 3 种，分别是荇菜、四角野菱和水鳖。沉水植物中，马来眼子菜、金鱼藻和黑藻出现较多。

5.3.3.2 湖荡湿地调查与分布特征分析

近 50 年来，苏南地区湖荡面积发生了明显改变。1958～1985 年间，苏南地区湖荡由于围湖种植和养殖等，共建圩 600 余座，面积 760km^2，涉及的湖荡数量共 242 个，其中因围湖利用而消失或基本消失的湖荡 166 个，面积合计 351.31km^2。由于太湖上游地区水系发达，湖荡湿地密布，对太湖流域污染物拦截和水质净化有重要作用。但因流域湖荡生态系统功能退化，对污染物净化和拦截能力下降。受太湖城市化、水体高密度养殖及污染排放增加等影响，湖荡水体生态退化严重，水生生物多样性全面衰退。湖荡生态系统的退化势必会削弱和降低其污染物转化和拦截功能。

湖荡湿地调查表明，多数湖荡的沉水植物已完全衰退，除了营养胁迫作为主要胁迫因子之外，水体利用方式、养殖密度或模式也不可忽视，有研究表明渔业水产养殖及景观破碎等类活动的影响是水生植物群落退化不可忽视的原因（严国安等，1997）。例如，滆湖 1994 年沉水植物覆盖率达 95%，自 2001 年以来以高度集约化养殖模式放养了高密度的食草鱼类如草鱼、团头鲂等，利用高度集约化围栏养殖模式，使该湖的沉水植被分布面积骤减，2004 年覆盖率锐减到不足 10%（姚东瑞，2005）。因此，渔业水产养殖、景观破碎等类活动的直接干扰也是水生植物群落退化不可忽视的原因。

太湖流域湖荡湿地面积约 1300km²，苏州、无锡和常州三市辖区分布最为密集。太湖湖荡湿地水面面积各分区所占比例如图 5-14 所示。

由图 5-14 可知，东部污染控制区的湖荡湿地占比最大，超过 50％；其次为湖西重污染控制区、北部重污染控制区、浙西污染控制区及南部太浦污染控制区。

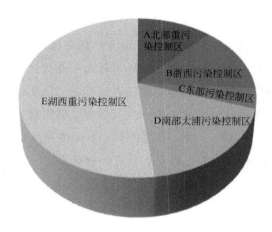

图 5-14　太湖湖荡湿地水面面积各分区所占比例

总体上，各功能分区的湖荡湿地存在的主要问题如下。

① 北部重污染控制区　底泥释放的生态风险高；水生植物分布面积过小，仅以耐污的挺水植物和漂浮植物为主，沉水植物衰退严重，物种多样性极低；水生植物入侵种分布过广。

② 湖西重污染控制区　水生植物盖度不高；湖荡水质差；富营养化底质释放潜力很大；水生植物物种多样性低，不耐污种绝迹；沉水植被衰退较严重；水生植物入侵种分布过广。

③ 浙西污染控制区　不耐污的沉水植物和浮叶植物分布面积比例较小。

④ 南部太浦污染控制区　湖荡湿地生物量太低，沉水植物分布比例较小。

⑤ 东部污染控制区　湖荡湿地人为干扰频繁，水产养殖密集，

水质有恶化风险。

5.4 水源涵养林生态特征分析

5.4.1 涵养林空间分布

5.4.1.1 太湖水源涵养林主要植被类型分布

　　基于实地勘察与取样调查，可知本区森林植被类型主要有针叶林、针阔混交林、常绿阔叶林、常绿落叶阔叶混交林、毛竹林、灌草丛及经济林等。针叶林按其建群种或优势种分为马尾松林、杉木林和黄山松林；杉木林在该区域内呈弥散状分布，面积较小，一般分布在海拔 800m 以上的山体上部；马尾松林是本区植被的优势类群，广布于该区海拔 800m 以下的山体中下部及低山丘陵。

　　针阔混交林是原有马尾松林和黄山松林经多年封山育林后向常绿阔叶林恢复演替的过渡类型，是本区的主要植被类型之一，广泛分布于区域内，尤其是立地条件相对较好的山体中下部及沟谷地带。次生常绿阔叶林是本区的地带性森林植被类型，但因长期人为干扰，原生常绿阔叶林已荡然无存，现有常绿阔叶林是经封山后恢复而成，在该区周围的山坡下部有零星分布，面积不大，但为本区其他植被恢复的目标。常绿落叶阔叶混交林分布于海拔 800m 以上地段，为次生的过渡类型。毛竹林是人工栽培后无性繁殖起来的植被类型，多在山体中下部，成片状分布，在宜兴市周围分布较多。灌草丛在低山丘陵地带有较大面积分布，多为森林反复遭破坏后形成的先锋群落。经济林在湖区周围有大量分布，主要在村庄附近自留地，及靠近库区低矮山坡的开垦地，主要类型有橘林、枇杷林、杨梅林、桃林和茶林，而以橘林、杨梅林所占面积最大。

5.4.1.2 太湖涵养林植被区

　　天然森林植被类型是植被区划的主要依据，但因太湖流域开发历史悠久，原生森林植被破坏殆尽，绝大部分地区为农田植被，因此必须用植被演替发展与顶级植被观点来对待残存的次生和农田植被。除先锋群落类型外，一般的次生植被均可作为植被分区依据；造林历史悠久且分布普遍的人工林也可作为植被分区依据。无森林形成和分布的地区，则依照隐域草本植被类型来划分植被区。同时，对该区植被进行分区时还考虑植物区系成分组成的种类及气候、地貌和土壤等自然环境因素。根据调查初步结果，结合以往研究资料，该区植被大致可划分为3大植被区。

（1）太湖南岸丘陵平原栎类典型混交林和马尾松林区

本林区是天目山向东北延伸进入江苏的余脉，境内有许多残丘。本区地处太湖沿岸，且东临黄海，所以气候条件优越，年均温14.8～15.15℃，无霜期224～231d，年均降水1030～1076.6mm，地带性土壤为黄棕壤。本区地带性植被为典型落叶阔叶混交林，乔木层常见常绿树种有苦槠、青冈栎、冬青、石楠和杨梅等，落叶树种主要有栓皮栎、短柄枹、白栎、枫香和黄檀等。灌木层常绿树种主要有构骨、乌饭和格药柃等；落叶树种主要有白檀、算盘株、山胡椒和绿叶胡枝子等。草本层主要有麦冬、马兰和一枝黄花等。

本林区内，马尾松林分布广泛，林内混生的落叶与常绿树种以及草本植物的种类和数量均较多。乔木层混生的常绿树种有苦槠、冬青、樟和杨梅等；落叶树种有栓皮栎、短柄枹、白栎和茅栎等；灌木层常绿树种主要有乌饭、四川山矾和格药柃等；落叶灌木主要有白檀、山胡椒和满山红等；草本层有疏花野青茅、黄背草和金茅等。

（2）太湖东岸丘陵平原木荷林和马尾松林区

本林区主要是潟湖相沉积平原，境内湖泊密布，港汊纵横。沿太湖东段有断续分布的孤丘。本林区东近黄海，西南有茅山及天目山屏障，加上境内广大湖泊水体调节，气候的海洋性与地方性特征均很明显。全年温度变幅不大，最低温持续时间较短，降雨量较充沛。本林区植被为分别以木荷、苦槠和石栎为建群种的常绿阔叶林。木荷林是本林区常绿阔叶林的代表类型，面积较大。乔木层除了木荷外，还有杨梅及冬青等常绿树种，短柄枹、白栎及栓皮栎等落叶树种，此外还有马尾松等。石栎林内常绿树种除石栎外还有苦槠、青冈栎和冬青等，落叶阔叶树种枫香、白栎及栓皮栎等。苦槠林乔木层除苦槠外，还有杨梅、冬青、短柄枹和白栎等。东洞庭山有成片栽培的柑橘、枇杷、杨梅、桃等常绿阔叶林。本植被区内，马尾松在各地丘陵普遍分布，乔木层常混生苦槠、石栎、冬青、杨梅和樟等常绿树种和白栎、短柄枹与栓皮栎等落叶树种。

（3）宜兴、溧阳低山丘陵常绿栎林和杉木林区

本林区包括宜兴与溧阳南部低山丘陵区。该区地处中亚热带，是条件较为优越的地区。年均气温 15.5～15.7℃，1 月均温 2.3～2.7℃，极端最低温 −8.2～8.9℃，无霜期 241d，年均降水量 1126.7～1179.4mm。地带性土壤为红黄壤，分布于丘陵低山上。本区植物区系最复杂，常绿阔叶林树种最丰富。很多常绿阔叶树种以本区为其分布北界。例如小红栲、岩青冈和青栲等。

本区现存的常绿阔叶林主要包括以下群落类型。

① 青冈栎占优势的常绿阔叶林　乔木层除青冈栎外还有石栎、青栲、苦槠、红楠、杨梅、冬青和新木姜子等常绿树种；落叶树种包括短柄枹、野漆树和檫木等。灌木层有四川山矾、连蕊茶、马银花、乌饭和格药柃等常绿灌木。林内阴暗，草本层不发达，但喜阴的蕨类如狗脊等较多。

② 小红栲和石栎占优势的常绿阔叶林　乔木层除优势种外还有青冈栎、冬青、苦槠、红楠及杨梅等常绿树种，以及野柿、紫树、檫木和短柄枹等落叶树种。灌木层主要有油茶、杨桐、马银花、米饭花和栀子等常绿灌木，以及豆腐柴、算盘珠和满山红等落叶灌木。草本层主要有狗脊与金星蕨等蕨类植物。

该植被区的针叶林有马尾松林和杉木林，其间混生较多阔叶树种。乔木层阔叶树种有短柄枹、冬青、盐肤木及白蜡树等。灌木层有格药柃、满山红、马银花和山胡椒等。

总体上，流域森林总面积约为 5000km²，近 30 年来面积较稳定，占流域总面积的 14%～15%。其中涵养林植被共有针叶林、针阔混交林、常绿落叶阔叶混交林、常绿阔叶林、竹林、灌草丛和经济林七

大类型，而以针叶林与针阔混交林分布面积最大，分布范围最广；常绿落叶阔叶混交林分布面积小，且是森林演替过程中的过渡类型；常绿阔叶林是本区的地带性植被，但由于长期以来受人工干扰，原生植被已极少；竹林主要为毛竹林，在宜兴毛竹面积较大；灌草丛分布面积较大，主要集中在村庄周围的低山坡上；经济林主要为果林，而以橘林及杨梅为多，分布于村庄附近和湖区周围。本林区的森林植被大多数恢复时间很短，生态系统比较脆弱，水源涵养和水土保持功能都不强，尤其是灌草丛。典型年份涵养林的流域分布示意见文后彩图 14。

5.4.2　涵养林林分结构

近年来，森林水源涵养功能重要性明显提高，林分功能取决于林分结构（Allen R G，1998），水源林林分结构决定其涵养水源、保持水土和改善水质等生态功能的发挥（赵杨毅，2011），只有保持森林结构的优良才能保证森林功能的良好发挥。

太湖流域涵养林植被主要有针叶林、针阔混交林、常绿阔叶林、常绿落叶阔叶混交林、毛竹林、灌草丛和经济林等，其特征如文后彩图 15 所示。结构主要包括：太湖南岸丘陵平原栎类典型混交林和马尾松林区；太湖东岸丘陵平原木荷林和马尾松林区；宜兴溧阳低山丘陵常绿栎林和杉木林区。太湖流域主要涵养林植被可划分 4 个植被型组，8 个植被型，12 个群系和 19 个群丛组。以针叶林、针阔混交林分布面积最大，分布范围最广；常绿落叶阔叶混交林分布面积小，而且是森林演替过程中的过渡类型；常绿阔叶林是本区的地带性植被，但由于长期以来受到人工干扰，原生植被已极少。

不同林分内乔木层的郁闭度相似，灌木层和草本层却差异明显，厚度接近而腐殖层厚度却差异明显，落叶阔叶树种的枯枝落叶比松树及杉木更容易分解。松林、落叶阔叶林和松阔混交林的林冠透光性大于杉木林和毛竹林。各林分的枯落物层（张庆费，1999）从不同林分的涵养水源以及保护植物多样性功能看，松林、松阔混交林和落叶阔叶林要高于毛竹林和杉木林（毛玉明，2015）。

有学者对苏州吴中区两种代表性的冬青湿地松针阔混交林和栎树湿地松针阔混交林为对象，配合描述林分空间结构的角度、混交度、大小比数和开敞度4个林分空间结构参数，分析森林群落的结构特征。苏州市二类森林资源清查数据表明，冬青湿地松针混交林和栎树湿地松针混交林，是苏州太湖流域的典型水源涵养林。所调查的冬青针阔混交林和栎树针阔混交林两种林分内，林分密度分别为875株/hm²和1210株/hm²，物种丰富度较高，乔木层树种分别有9个和8个，冬青混交林中，按株数或断面积排列前3的树种，均是湿地松（*Pinuselliotii Engelmann*）、冬青（*Ilexpurpurea Hassk.*）和香樟（*Cinnamomumcam-phora L. Presl.*），栎树混交林中排列前三的为湿地松、麻栎（*Quercusacutissima Carruth*）和栓皮栎（*Quercus varia-bilis Blume*）。两种林分中的优势种均有湿地松，而优势阔叶树种不相同，冬青混交林中，优势阔叶树种为冬青和香樟等常绿阔叶树种；麻栎混交林中，优势阔叶树种为麻栎和栓皮栎等落叶阔叶树种。

林分基本情况见表5-10。

表 5-10　林分基本情况

林型	树种组成	松林/年	郁闭度	坡度/(°)	坡向	密度/(株/hm²)	平均胸径/cm	平均高/m	蓄积量/(m³/hm²)
冬青湿地松混交林	5湿地松＋4冬青＋1香樟	35	0.9	45	北	875	10.4	10.0	60.2
栎树湿地松混交林	6栎树＋4湿地松	33	0.8	45	北	1210	12.63	10.5	63.3

5.4.3　涵养林恢复措施

水源涵养林也叫水源林，属于防护林下具有特殊意义的二级树种之一，泛指河川、水库、湖泊的上游集水区内大面积的现有人工林和天然林及其他植被资源。水源涵养林不仅具有森林普遍的生态效益、经济效益和社会效益，而且最主要的是它具有涵养水源、保持水土、调洪削峰、较少泥沙入库或淤积，及净化水质等功能。进入森林生态系统的雨水，淋洗树叶、枝条表面尘埃物质，淋溶枝叶中营养元素，枝叶对降水中元素有吸收和吸附作用，同时还包括树干茎流的淋洗、淋溶等化学调节作用，使降水中所含化学元素发生变化。研究表明，林内雨养分含量一般较林外雨含量高 1.5～4 倍。养分主要来自叶面淋洗及细胞淋溶，树冠淋洗与树种、雨量及各元素的溶解度密切相关。同时，林内雨的养分含量和降雨量有半对数关系，且呈明显季节变化。

常绿阔叶林是太湖流域的地带性植被，具有涵养水源、保持水土、调节气候、净化空气、改善水质、美化环境等作用。因此，是太湖流域植被恢复的目标。虽然太湖流域现存少量的常绿阔叶林也为次生植被，但本书认为，若能将现有植被恢复为次生常绿阔叶林，并不继续破坏，那么其涵养水源和保持水土等功能将得到逐步恢复。主要措施有 5 种，简述如下。

（1）次生植被的恢复方法

次生植被的恢复必须按恢复生态学原理和方法行事，主要按演替规律实施封山育林和林分改造。

封山育林简单易行、经济省事，可为乡土树种创造适宜生境，促使林木生长，进而演替为地带性植被——常绿阔叶林。本林区的针叶林、针阔混交林、常绿落叶阔叶混交林都可用封山育林法。常绿阔叶林则只要不再被破坏则可。

林分改造宜用于反复遭人为破坏后的灌草层、人工林，为促进其快速演替，需引种地带性植被中的优势种、关键种，如木荷、甜槠、苦槠、石栎和香樟等，加速演替速率，以尽早恢复成常绿阔叶林。

林带种植间隔如下。

① ＜15°的斜坡：四行树，间距 20cm。

② 15°～20°的斜坡：五行树，间距 20cm。

③ 20°～25°的斜坡：五行树，间距 15cm。

④ ＞25°的斜坡：五行树，间距 10cm。

（2）经济林的恢复方法

本区的经济林主要为果林和毛竹林。

果林离湖区近（一般离水面仅几米），因使用农药和化肥对水质有直接影响，必须加以改造。最好是以下2种措施结合：a. 放弃经营，使之自然演替；b. 林分改造，引种地带性植被中的优势种及关键种，如青冈、冬青与山矾等，以提高演替速率。

毛竹林虽然经济效益较好，但其主要分布在山坡下部，毛竹林下植被极稀疏，水源涵养和水土保持功能较弱，最好在群落下部（离坡底20m内）能砍伐和挖掉地下茎，然后栽培上述常绿阔叶树种，适当夹杂落叶成分，使其恢复成常绿阔叶林。

（3）坡耕地退耕还林

太湖流域坡耕地以种植茶叶、经济作物为主，部分作为稻田地，施肥量较大，水土易于流失。需针对不同坡度地区开展退耕还林，减少农业径流入湖，恢复植被涵养水源和保持水土等功能。坡度15°～25°为调整全优化区域，合理发展生态农业，并做好林地建设；坡度25°以上为生态屏障区，此区将进行退耕还林、天然林保护、综合整治水土流失。其中，植被种植以太湖流域地区本土植物，如针叶林、针阔混交林、常绿阔叶林、常绿落叶阔叶混交林、毛竹林、灌草丛为主。

（4）山脚近水处培育速生丰产林（水杉、池杉、杨柳）

速生丰产林具有生长快、产量高、质量好等特点。适于在海拔800～1800m范围内种植，且喜温暖湿润、雨量充沛、风速小、霜雪少的地区种植。根据太湖流域区域地理、气候特点及植被特征，选择水杉、池杉、杨柳作为速生生产物种进行培育种植。

以杉木种植为例，宜选择冬季播种，前3年属于抚育幼林时期，做好松土、除草、深挖等工作。第4～6年建，杉木造林后开始郁闭，进行群体生长阶段，需伐掉部分林木，使保留木获得足够的生长空间和营养面积。间伐程度以弱度间伐为主按20%～30%的株数（小株数占总株数的比例）为参考，间伐后郁闭不小于0.7；间隔期为3～4年，间隔次数一般为2次（李华彦等，2004）。

（5）交错区试种藤本、耐淹小半灌木与草本植物

水陆交错区属于湖泊与水体陆地之间的过渡带，是控制陆源污染入湖的一道生态屏障。交错区受到水、陆环境的交替影响，其生态系统结构同时受到水生生态系统和陆生生态系统的双重作用，植被的适应性尤为重要。太湖流域5～6月梅雨集中，8～9月伴随着台风会有极峰大雨，流域水体受气候影响，河道水位变化较大。

藤本植物喜温暖、湿润环境，喜肥沃、富含腐殖质的砂壤土。适生温度在20～25℃之间，适于营造藤本景观。

不同灌木的耐水淹能力不同，在水陆交错带河道岸坡绿化应选择合适的耐淹小半灌木，如石楠、水杨梅、芦竹、花叶杞柳等。

草本植物主要包括挺水植物优势种茭草、芦苇等。

5.5 湖滨缓冲带水生态状况及演变趋势分析

5.5.1 湖滨带水质空间特征

贡湖位于太湖的东北部，南北宽7～8km，东西长19km，水域面积147km²，平均水深1.82m（钟春妮，2012）。贡湖湾退渔还湖区（2.18km²）的水陆交错带，虽已进行了基底改造和小部分植物种植，但依然面临水陆交错带生境破坏、水生植被消亡的现状。作者团队选择贡湖湾南部和北部两处交错带（面积分别为6700m²、8300m²）及其周边水域为研究区域，分别于2012年11月（汪祖茂，2013）和2013年5月（卢少勇，2014）采集17个点位水、沉积物和土壤样品（其中8号、10号、12号、13号采样点属水陆交错区，7号、9号、11号、16号、17号为水区，其余为土壤、底泥），分析了其氮、磷的时空分布。其中7、9、11、16、17为深水区采样点位，8、10、12、13为浅水区采样点位。

贡湖湾退渔还湖区采样点位示意如文后彩图16、表5-11所示。

贡湖退渔还湖区的水体中 TN 浓度为：秋季 0.76～1.92mg/L
（平均 1.14mg/L），春季 0.41～0.60mg/L（平均 0.54mg/L），其中

表 5-11　采样点的地理位置

采样点	研究区域类型	采样点	研究区域类型
1	土壤	10	水陆交错区
2		11	水区
3		12	水陆交错区
4		13	水陆交错区
5		14	土壤
6		15	
7	水区	16	水区
8	水陆交错区	17	
9	水区		

秋季平均 1.23mg/L，春季平均 0.51mg/L。NH_4^+-N 浓度为秋季
0.31～1.01mg/L（平均 0.53mg/L），春季 0.23～0.45mg/L（平均
0.30mg/L），其中老大堤摄影之家秋季平均 0.35mg/L，水体中
NH_4^+-N 占 TN 的比例为 46.58%～55.22%。春季平均 0.21mg/L 方
差分析表明，秋季水中各形态氮浓度显著高于春季，秋季水质为Ⅳ
类，春季水质为Ⅲ类（图 5-15）。2012 年 11 月 TP 在各采样点的浓度
处于 0.074～0.171mg/L 之间，均值为 0.117mg/L，溶解性 TP 在各
采样点的浓度处于 0.016～0.098mg/L 之间，均值为 0.055mg/L，
总体为 V 类水。2013 年 5 月 TP 在各采样点的浓度处于 0.032～
0.141mg/L 之间，均值 0.074mg/L；溶解性 TP 在各采样点的浓度
处于 0.006～0.058mg/L 之间，均值为 0.022mg/L，总体为Ⅳ类水。
2009 年贡湖水源地河道水质 TN 全年平均 3.09mg/L，TP 全年平均
0.112mg/L（王阳阳，2011）。与 2009 年、2012 年同期相比，2013
年 5 月水质有明显改善。

不同采样点水体中 TP、DTP 的浓度变化见图 5-16。2012 年 11
月（秋季）TP 在各采样点的浓度处于 0.074～0.171mg/L 之间，均
值为 0.117mg/L；DTP 在各采样点的浓度处于 0.016～0.098mg/L
之间，均值为 0.055mg/L，总体为 V 类水。2013 年 5 月（春季）TP
在各采样点的浓度处于 0.032～0.141mg/L 之间，均值为
0.074mg/L；DTP 在各采样点的浓度处于 0.006～0.058mg/L 之间，

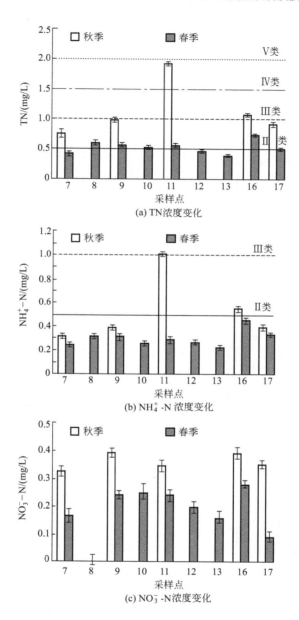

图 5-15　贡湖湾退渔还湖区水中的 TN、NH_4^+-N 和 NO_3^--N 浓度变化

均值为 0.022mg/L，总体为 Ⅳ 类水。2013 年春季水体中 TP 和 DTP
明显低于秋季。

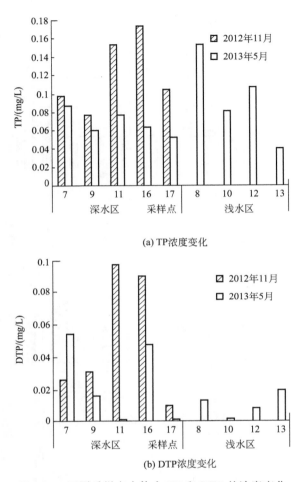

(a) TP浓度变化

(b) DTP浓度变化

图 5-16　不同采样点水体中 TP 和 DTP 的浓度变化

　　贡湖湾退渔还湖后，随着植被自然恢复时间的延长，水体中 N、P 的污染程度降低，2013 年春季水质明显优于 2012 年秋季。采样点 8、10、12、13 属水陆交错区，从季节角度分析，秋季水位下降，沉积物和植物露出水面；春季时水位上升，沉积物及植物被淹没。春季水中 N 含量明显低于秋季，春季植物生长情况较秋季旺盛，植物的 N 吸收作用强烈。秋季植物枯萎，有氮溶出释放也是其重要原因。以 11 号采样点为例，该点位春季与秋季植物生长状况如图 5-17 所示。

(a) 春季

(b) 秋季

图 5-17　11 号点位春季和秋季植物生长状况

5.5.2　湖滨带底质空间特征

作者团队于 2010 年 8 月（王佩，2012）对太湖湖滨带底泥污染现状进行大规模调查，涉及太湖湖滨带（环湖大堤以内 100m）7 个区域，即竺山湾、梅梁湾、贡湖、东太湖、东部沿岸、南部沿岸和西部沿岸表层底泥样。同时对太湖西岸竺山湾、午干渎港至符渎港段进行布点采样，分析有机质（OM）、TN、TP 分布及形态特征。太湖湖滨带分区及湖滨带底泥采样点位见文后彩图 17。

湖滨带各分区底泥中有机物（OM）含量在 1.42％～9.96％之间，各分区平均值由高到低依次为：东太湖＞竺山湾＞贡湖＞梅梁湾＞南部沿岸＞东部沿岸＞西部沿岸。东太湖 OM 含量最大值、最小值和平均值分别为 9.95％、2.85％和 5.66％，均为各分区中最高，其他各区差异不大。如图 5-18 所示。

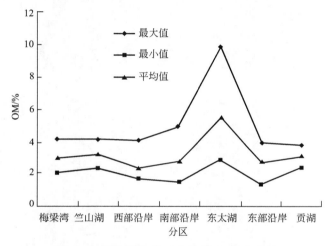

图 5-18　湖滨带各分区有机物（OM）含量

富营养化水体中底泥所含 OM 一般来自城市生活污水和水生生物死亡残骸长期积累（潭镇，2005），东太湖周围多为出湖河流，因此受生活污水影响较小，东太湖湖滨底泥 OM 含量较高，可能与围网养殖及水生植物大量生长有关。2009 年初虽实现了围网养殖大规模缩减，2010 年东太湖围网养殖面积约 2600hm² （秦惠平，2011）。2009 年植物覆盖率达 97％，为全湖水生植物发育最好的区域（徐德兰，2009），大量水生植物残体沉积可能是导致东太湖有机物含量比其他区高的主要原因。

太湖湖滨带底泥 TN、TP 分布特征如图 5-19 所示。太湖湖滨带底泥 TN 空间分布差异显著，TN 含量在 458～5211mg/kg 之间。各分区 TN 含量平均值变化趋势：东太湖＞竺山湾＞东部沿岸＞贡湖＞南部沿岸＞梅梁湾＞西部沿岸。根据 EPA 制定的底泥分类标准，各区 TN 平均值：梅梁湾和西部沿岸 TN＜1000mg/kg，属轻度污染区；东太湖 TN 浓度在 2000mg/kg 以上，属重度污染区；其他各区 TN＝1000～2000mg/kg，属中度污染区。

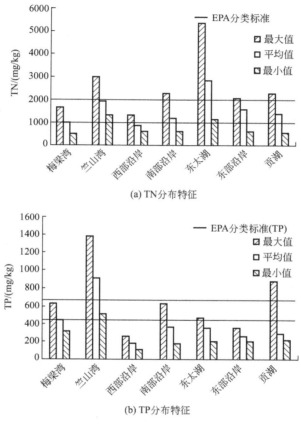

图 5-19　太湖湖滨带底泥 TN、TP 分布特征

可见太湖湖滨带底泥 TP 含量在 128.56～1392.16mg/kg 之间，各分区 TP 平均值变化趋势：竺山湾＞梅梁湾＞东太湖＞南部沿岸＞贡湖＞东部沿岸＞西部沿岸。根据 EPA 制定的底泥分类标准，各分区 TP 平均值：梅梁湾在 420～650mg/kg 之间，属中度污染区；竺山湾大于 650mg/kg，属重度污染区；其他各区均小于 420mg/kg，属轻度污染区。

　　TN 与 OM 之间极显著正相关（$r=0.903$，$P<0.01$），说明 TN

和 OM 的沉积具有很高的协同性，它们主要通过水生植物残体的沉积过程进入底泥。

为进一步研究太湖底泥污染水平较低的区域现状，于 2010 年 8 月进一步采集太湖西岸湖滨带（竺山湾午干渎港至符渎港段）表层沉积物样，分析沉积物中氮（总氮、有机氮、氨氮、硝氮）、磷（总磷、铁铝磷、钙磷）、有机质（OM）分布特征（甘树，2012）。采样点位示意如图 5-20 所示。

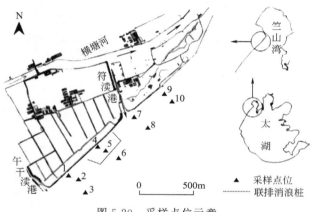

图 5-20　采样点位示意

沉积物 TN、TP、有机质（OM）含量及平均粒径的分布如图 5-21所示。西岸湖滨带各点位表层沉积物 OM 平均含量 7124.00mg/kg，介于 2261.78～11963mg/kg 之间。研究区域各点位表层沉积物 TN 平均含量 819.20mg/kg，介于 343.20～1390.12mg/kg 之间。稍微低于西太湖典型河口区底泥中 N 含量（469～2252mg/kg，平均值为 1049mg/kg），研究区域远岸端沉积物 TN 平均含量约是近岸端及中间端的 2.33 倍和 3.13 倍，远岸端沉积物 TN 含量介于 1202.32～1390.12mg/kg 之间，平均 1289.75mg/kg。

各点表层沉积物 TP 平均含量为 379.39mg/kg，介于 197.46～570.85mg/kg 间，近远岸端沉积物 TP 平均含量是近岸端及中间端的 1.73 倍和 1.95 倍；远岸端沉积物 TP 含量介于442.65～570.85mg/kg间，平均516.67mg/kg；近岸端沉积物 TP 含量介于 197.46～352.87mg/kg

间，平均299.25mg/kg。各点表层沉积物平均粒径均显示出远岸端比近岸端和中间端高的趋势。

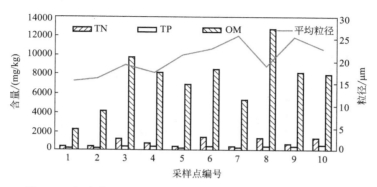

图5-21 沉积物TN、TP、有机质OM含量及平均粒径的分布

沉积物中各形态氮分布特征及分布分别如图5-22、图5-23所示。研究区域各点位表层沉积物中氮形态含量，近岸端有机氮（ON）含量占TN的比例低于远岸端，这与湖滨带近岸端植物区内植物-微生物系统有关（Plant H K，2001）。此外，岸带存在的水生生物残体被微生物分解，有机氮被分解成为无机氮（IN），导致近岸带氨氮、硝氮（NO_3^--N）等无机氮（IN）离子浓度高于有机氮（ON）。

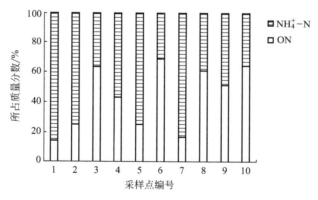

图5-22 沉积物中各形态氮分布特征

沉积物中NO_3^--N、NH_4^+-N含量分布与TN一致，均为远岸端＞近岸端＞中间端，其中NO_3^--N含量普遍偏低，在0.34～1.92mg/kg间。NH_4^+-N含量在244.99～499.46mg/kg间，高于有学者报道的北部湖区沉

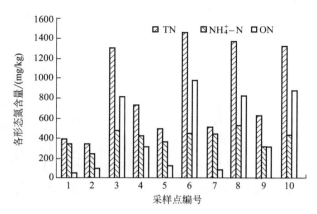

图 5-23　沉积物各形态氮的分布

积物 110.3～199.1mg/kg，可能与 8 月蓝藻水华暴发期及沉积物粒径为粉砂型有关，在扰动较小的环境下，于底层形成厌氧环境，利于 NH_4^+-N 形成。因取样时间为 8 月，正值太湖西岸蓝藻暴发，蓝藻死亡后沉降在湖底，经微生物降解可产生大量 OM，湖区沉积物平均粒径 21.68μm，主要粒径分布在 64μm 内，属粉砂型。

　　研究区域沉积物各形态磷分布如图 5-24 所示，各形态磷质量分数如图 5-25 所示。各点位沉积物中，TP 以铁铝磷和钙磷为主，其中近岸端和中岸端基本呈现钙磷高于铁铝磷的趋势，远岸端相反。沉积物中 Fe/Al-P 平均含量为 127.33mg/kg，介于 48.05～246.84mg/kg 间；Fe-P 平均含量为 114.37mg/kg，介于 43.16～146.60mg/kg 间，Fe/Al-P 的含量分布规律与 TP 基本一致，为远岸端＞近岸端；沉积物中 Fe/Al-P 活性较高的组分，对上覆水 P 含量影响较大，而 Ca-P 的活性较 Fe/Al-P 低（见图 5-24）。研究区域内 Fe/Al-P 占总磷质量分数在 21.6％～43.2％间（见图 5-25），湖区沉积物存在酸化释放风险，因此区内磷酸化释放值得关注。

5.5.3　湖滨带水生态空间特征

　　作者团队分别于 2014 年 7 月、2015 年对湖滨带水生植物开

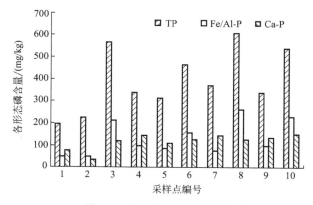

图 5-24　沉积物各形态磷分布

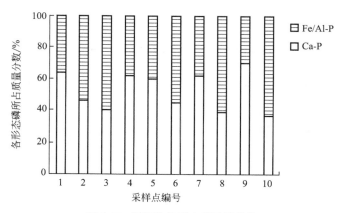

图 5-25　沉积物各形态磷质量分数

展调查。2014 年 7 月完成了东部湖滨带水生植物种群结构和水、底泥环境状况的调查，并在此基础上进一步探讨了水生植物与水质及底质的相互作用。2015 年 10 月完成贡湖退渔还湖区水位高程下植被与土壤的调查。

　　2014 年 7 月耿荣妹等（耿荣妹，2016）对太湖植物现场调查集中在太湖东岸区域，采样点位见图 5-26，其中 1～9 号采样点位于贡湖湾，10～15 号及 24～26 号采样点位于太湖东部沿岸区域，16～23 号采样点位于西山岛区域，27～35 号采样点位于东太湖。

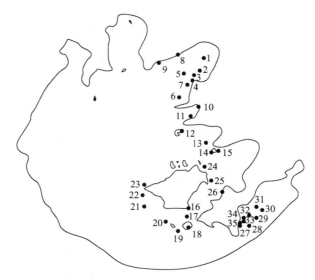

图 5-26 2014 年植物调查采样点布置

太湖湖滨带水生植物分布极不均匀，东太湖为水生植物主要生长区。调查区域内现有水生植物 22 种，分别隶属于 18 科 20 属，其中挺水植物 6 种，浮水植物 9 种，沉水植物 7 种，其分布空间差异很大，芦苇主要在贡湖湾和西山岛西岸零星分布，茭草及水花生主要分布在东太湖区域；挺水植物优势种为茭草、芦苇和水花生，浮水植物优势种为荇菜、四角野菱、槐叶萍和水鳖，沉水植物优势种为马来眼子菜、苦草、黑藻、狐尾藻和金鱼藻。

调查区域内沉水植物生物量均值为 1.80kg/m²，其中，贡湖湾生物量均值最低，为 0.79kg/m²，西山岛西南岸及东太湖区域生物量值居中，分别为 1.67kg/m² 和 1.93kg/m²。

太湖生物采样情况见图 5-27。

2014 年 9 月在太湖、长荡湖和阳澄湖水陆交错带开展了水生植物大调查，在太湖的贡湖湾、胥口湾、西山岛及东太湖区域中选择了 35 个采样点，调查分析了各采样点挺水、浮水和沉水植物类型、盖度与生物量（见表 5-12）。在调查基础上识别了水陆交错带水生植物的形态特征、生长习性、分布区域及生态环境特性。

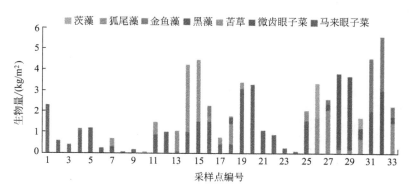

图 5-27 太湖生物采样情况

表 5-12 太湖水生植物调查

采样点	挺水植物	浮水植物（盖度）	沉水植物/（生物量/m²）
1	无	无	马来眼子菜（2.2kg）、微齿眼子菜（5g）、枯草（10g）、黑藻（10g）
2	无	荇菜（30%）、凤眼莲（3%）、槐叶萍（1%）、四角野菱（1%）、水鳖（0.5%）	马来眼子菜（600g）、金鱼藻、苦草（零星不计量）
3	芦苇、菱草	荇菜（80%）	马来眼子菜（400g）、苦草（30g）、穗花狐尾藻（10g）、轮叶黑藻（零星不计量）
4	无	荇菜（80%）、四角野菱（5%）	马来眼子菜（1.1kg）、穗花狐尾藻（60g）、苦草（100g）、轮叶黑藻（100g）、金鱼藻（10g）
5	无	无	马来眼子菜（1.2kg）
6	无	无	马来眼子菜（300g）、轮叶黑藻（零星）
7	芦苇	无	穗花狐尾藻（300g）、马来眼子菜（250g）、微齿眼子菜（100g）、轮叶黑藻（10g）、金鱼藻（10g）、苦草（零星）
8	芦苇	凤眼莲（2%）	马来眼子菜（80g）、金鱼藻、苦草（零星）
9	无	无	马来眼子菜（200g）、穗花狐尾藻、苦草（零星）
10	芦苇、香蒲、菱草	四角野菱（90%）、槐叶萍（5%）、荇菜（零星）	金鱼藻（100g）
11	无	荇菜（50%）	苦草（150g）、穗花狐尾藻（300g）、马来眼子菜（900g）

采样点	挺水植物	浮水植物（盖度）	沉水植物/（生物量/m²）
12	无	无	马来眼子菜（1kg）、穗花狐尾藻、苦草（零星）
13	无	四角野菱（2%）、荇菜（5%）	苦草（700g）、穗花狐尾藻（100g）、马来眼子菜（150g）
14	无	荇菜（1%）	马来眼子菜（1kg）、苦草（3kg）、穗花狐尾藻（200g）（往湖中心走:马来眼子菜占优势）
15	无	荇菜（4%）	马来眼子菜（1.5kg）、穗花狐尾藻（400g）、苦草（2.5kg）
16	无	荇菜（5%）、四角野菱（1%）	狐尾藻（50g）、马来眼子菜（1.5kg）、苦草（200g）、金鱼藻（500g）
17	无	苦草（10%）、四角野菱（零星）、荇菜（零星）	马来眼子菜（450g）、狐尾藻（100g）
18	无	荇菜（20%）	黑藻（300g）、马来眼子菜（400g）、苦草（900g）
19	芦苇	无	狐尾藻（400g）、马来眼子菜（3kg）
20	无	无	马来眼子菜（3.2kg）
21	无	无	马来眼子菜（1kg）、狐尾藻（50g）、黑藻（零星）
22	无	荇菜（20%）	马来眼子菜（900g）
23	芦苇、鸢尾、水花生	无	马来眼子菜（300g）
24	无	无	马来眼子菜（150g）、狐尾藻（零星）
25	无	无	马来眼子菜（1.5kg）、苦草（400g）
26	无	无	金鱼藻（1.5kg）、苦草（1.8kg）
27	菱草、水花生、莲	水鳖（80%）、芡实（1%）、荇菜（1%）、槐叶萍（16%）、四角野菱（1%）	金鱼藻（200g）、苦草（2.1kg）、黑藻（300g）
28	菱草、水花生	水鳖（50%）、槐叶萍（20%）、紫萍（10%）、紫背浮萍（5%）、四角野菱（40%）	黑藻（3.5kg）、苦草（200g）
29	菱草（少量）	四角野菱（10%）、槐叶萍（5%）、荇菜（10%）、紫萍（10%）、水鳖（55%）、紫背浮萍（5%）	苦草（150g）、黑藻（3.5kg）

续表

采样点	挺水植物	浮水植物（盖度）	沉水植物/（生物量/m²）
30	茭草、水花生	水鳖（50%）、四角野菱（10%）、槐叶萍（1%）、紫背浮萍（2%）、紫萍（10%）	苦草（700g）、金鱼藻（400g）、黑藻（400g）
31	茭草	水鳖（40%）、四角野菱（15%）、睡莲（10%）、槐叶萍（1%）	黑藻（2.0kg）、金鱼藻（2.4kg）、狐尾藻（50g）
32	茭草	槐叶萍（25%）、水鳖（25%）、紫萍（1%）、金银莲花（10%）、	黑藻（2.5kg）、金鱼藻（2.5kg）
33	茭草	槐叶萍（10%）、水鳖（25%）、紫萍（5%）、紫背浮萍（少量）、四角野菱（2%）	黑藻（200g）、金鱼藻（450g）、苦草（1.35kg）
34	芦苇、水花生	水鳖（40%）、水葫芦（20%）、槐叶萍（8%）、紫萍（1%）、紫背浮萍（5%）、芡实（20%）	微齿眼子菜（50g）、茨藻（50g）、金鱼藻（700g）、苦草（400g）
35	莲、水花生、茭草	水鳖（10%）、槐叶萍（5%）、紫萍（2%）、紫背浮萍（2%）	金鱼藻（1.1kg）、黑藻（100g）

太湖水陆交错带挺水植物出现的种类较单一，其中芦苇出现频率最高，其次是茭草；在浮水植物中，荇菜、四角野菱和水鳖的覆盖度较大；而在沉水植物中，种类较丰富，如马来眼子菜、狐尾藻、苦草、金鱼藻和微齿眼子菜均有出现，其中马来眼子菜成为绝对优势种，其最大生物量达 $3.2kg/m^2$。

作者团队于 2015 年 10 月调查了位于贡湖湾北部退渔还湖生态修复区的植物（张森霖，2017），占地 $2.32km^2$，介于 $31°25'53.19''\sim31°27'56.89''N$，$120°19'40.08''\sim120°20'48.31''E$，区内交错带全长 10km，贡湖湾北部退圩还湖生态修复区水陆交错带地理位置、采样点分布如图 5-28 所示。根据近 4 年来监测的水位变化趋势，1～5 月基本保持在 3.3m（吴淞水位，下同）以下，6～10 月保持高水位 3.5～4.3m，11～12 月逐步回落到 3.3m 以下。根据植物群落结构及常年水位变化，将生态修复区内交错带按水位高程和植被类型分为 3 个梯度带：G1 为常年水淹区，2.8～3.3m，即草带；G2 为季节性水淹区，3.3～4.3m，即灌草带；G3 为微水淹区；>4.3m，即乔灌草带。

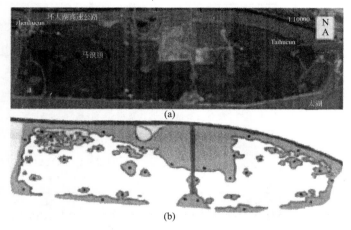

图 5-28　贡湖湾北部退圩还湖生态修复区水
陆交错带地理位置、采样点分布

　　调查中共出现 165 种植物，隶属 65 科、142 属，乔木出现 15
科、19 属、21 种；灌木出现 14 科、23 属、26 种；草本出现 44 科、
92 属、114 种。可见草本层对植物群落多样性贡献最大，灌木层第
二，乔木层最少。除 5 科 12 属 21 种草本植物外，其余均为人工种
植。其中主要乔木有墨西哥落羽杉（*Taxodium mucronatum*）、池杉
（*Taxodium distichum var. imbricatum*）、樟（*Cinnamomum cam-
phora*）；主要灌木有石楠（*Photinia serratifolia*）、日本晚樱
（*Cerasus serrulata var. lannesiana*）、杨梅（*Myrica rubra*）；主要草
本有铜钱草（*Hydrocotyle vulgaris*）、芦竹（*Arundo donax*）、金鸡
菊（*Coreopsis drummondii*）、大滨菊（*Leucanthemun maximum*）
等。高程增至最高水位后，物种丰富度也从少到多，植被类型从单一
草本群变为出现乔灌木群落，物种数（R）表现为 G1（0.824）＜G2
（1.008）＜G3（1.549）；具体表现为 G1（5.161）＜G2（5.856）＜
G3（7.914）；优势度从 0.299 增至 0.703，均匀度从 0.309 增
至 0.780。

　　贡湖湾水陆交错带不同水位高程结构示意见图 5-29，不同水位

高程下植物多样性指数见图 5-30。

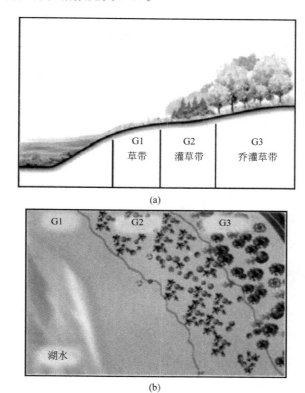

(a)

(b)

图 5-29　贡湖湾水陆交错带不同水位高程结构示意

　　植物生长状况综合了多种生物和非生物因素，各因素相互制约，现通过对丰富度、多样性、优势度、均匀度与表中土壤各理化性质的多元回归分析，可知 TN 和 OM 对提高植物群落多样性影响显著；植物群落多样性提高后可有效提高土壤养分含量，pH 值对植物群落多样性也有一定影响。如表 5-13、表 5-14 所列。

表 5-13　不同梯度带有机质、全氮、速效钾和有效磷

梯度带	有机质/(mg/kg)	全氮/(g/kg)	速效钾/(mg/kg)	有效磷/(mg/kg)
G1	12.692±2.20	0.449±1.22	14.277±1.22	21.277±3.69
G2	9.174±1.69	13.522±1.04	13.522±1.04	18.696±1.13
G3	14.775±2.26	13.278±0.98	13.278±0.98	18.336±1.08

　　注：G1 为草带；G2 为灌木带；G3 为乔灌草带。

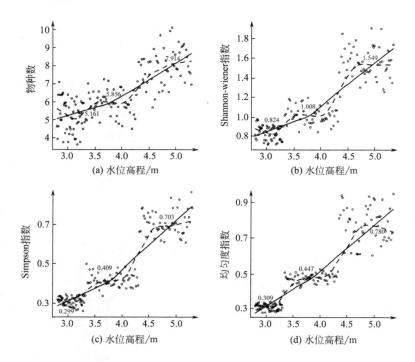

图 5-30　不同水位高程下植物多样性指数

表 5-14　植物多样性指数和土壤理化因子多元线性回归方程（Pearson）

多样性指数	多元线性回归方程	R^2
R	$R=1.513X_1+0.438X_2+0.112X_4-0.136X_6+1.137$	0.657
H	$H=1.837X_1-0.011X_2+0.036X_3+0.016X_6-1.162$	0.625
D	$D=0.215X_1+1.26X_2-0.288X_3-0.351$	0.518
J	$J=0.913X_1+0.621X_2-0.311X_4+0.015X_6-1.429$	0.634

注：R 为物种数（Species）；H 为香农威纳指数（Shannon-wiener index）；D 为辛普森指数（Simpson index）；J 为均匀度指数（Pielou index）。

　　贡湖湾湿地生态修复工程开工至 2015 年，从改造前植物多样性极低（均为杂草、无灌、乔木）到 2015 年植物多样性大幅提高，与所用植物配置和维护管理有关；本次植物群落调查中，发现多年生草本数量是 1 年生草本数量的 4.33 倍，且自然演替的物质不足 10%，且为发现明显指示种，因研究区植物群落长期处于人为干扰状态，日常植物管理严重干扰了植物群落自然状态下的生长和发育，自我调节和修复能力不足，一旦终止人为植物管理，极有可能多样性明显降低。

5.6　太湖水体水生态状况及演变趋势分析

5.6.1　太湖湖泊水质变化情况

按照地表水环境质量标准（GB 3838—2002）评价，1987 年太湖水质高锰酸盐指数（COD_{Mn}）、TP、TN 平均浓度分别为 3.30mg/L、0.029mg/L、1.54mg/L，2000 年分别上升为 5.28mg/L、0.10mg/L、2.54mg/L，短短 13 年间分别上升了 60%、248%、65%（林泽新，2002；毛新伟，2009）。2000 年 TN、TP 为 V 类，2000 年以来，TN、COD_{Mn} 总体呈下降趋势，TP 浓度呈波动状态，2001～2007 年，太湖总体受 TN 影响，水质为劣 V 类。2000～2007 年的综合污染指数变化呈波动式下降。2001 年，太湖的综合污染指数由 2000 年的 5.88 上升为 5.92，而后，呈下降趋势，2003 年综合污染指数降至最低，为 5.08；2003～2006 年，水域综合污染指数逐年上升，2006 年升至 5.59；2007 年，水体污染状况略有好转，综合污染指数略有下降，为 5.17。2000 年，太湖湖体 TN 浓度为 1.86mg/L，超过 IV 类标准，TP 浓度为 0.11mg/L，也超过 IV 类标准（图 5-31）。2001～2007 年 TN 年均浓度均高于 2.0mg/L，超过 V 类标准，TP 的年均浓度均高于 0.05mg/L，超过 III 类标准。2008～2014 年 COD_{Mn} 为 III 类标准，NH_4^+-N 为 II 类，TP 为 IV 类。而 2007～2011 年 TN 为劣 V 类，2011 年后水质改善，TN 由劣 V 类改善为 V 类，各污染物浓度均有所降低。2016 年全年 TP 浓度升高至 0.64mg/L，太湖流域 P 逐渐成为主要的限制因子。

从空间角度，太湖各湖区水体 TN、TP 及 COD 浓度变化空间异质性明显（文后彩图 18）。西部水域和北部水域变幅大于东部水域、

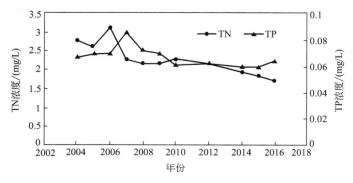

图 5-31　太湖湖水多年 TN、TP 变化

南部水域和湖心区。东部水域高等植物较多，N、P 浓度总体较同期其他湖区偏低，西部水域受沿岸工业发展及污染物排放影响，TN、TP 浓度上升趋势和北部水域基本一致（戴秀丽，2016）。从 2008 年至 2010 年，太湖湖体 TN、TP 和 COD 浓度总体呈降低趋势。

从历史看，太湖水质的下降导致太湖水体已处于中度富营养化水平，近年来，改善为轻度富营养化水平。但受氮磷、COD、溶解氧、温度等多方面因素的影响，太湖蓝藻水华发生频次在增加，时间跨度在延长、分布范围在扩大，影响程度也有所增加。

5.6.2　太湖藻类与富营养化形势的历史演变与现状

5.6.2.1　太湖藻类的历史演变与现状

从 20 世纪 60 年代到 20 世纪 90 年代，变化最大的是绿藻门，20 世纪 60 年代有记录的 20 个属的绿藻 2008 年采集不到，而 2008 年采集的有 18 个属 20 世纪 60 年代未采集到；其次是蓝藻门，20 世纪 60 年代见到的一个属 2008 年未见到，而现在见到的 9 个属是 20 世纪 60 年代没有记录的；另外，20 世纪 60 年代，除五里湖没有见到的隐藻门种类，但在 2008 年常见。20 世纪 60 年代和 90 年代的优势种和常见种基本相似，但清水型种类减少了。蓝藻门全年均能发现（余辉，2014）。铜绿微囊藻（*Microcystis. aeruginosa*）、水华微囊藻（*Microcystis. aquae*）和粉末微囊藻（*Microcystis. pulverea*）标志湖泊已呈富营养水平。高峰期（5、6 月）数量高达 2×10^{10} 个细胞/L 以上，10 月仍达 1×10^{10} 个细胞/L 以上。绿藻门种类虽多，但无明显的优势种。太湖藻类中，蓝藻、绿藻及裸藻占优势。

2009 年太湖水体中蓝藻密度的空间特征如文后彩图 19 所示。2009 年，太湖在春季含藻量均值在 1×10^8 个细胞/L 以上，表明太湖受到中等程度污染。在种类组成上，太湖以啮蚀隐藻和微囊藻为主，亚优势种是颗粒直链藻及衣藻。五里湖浮游植物种群数达 1.108×10^9 个细胞/L，属富营养型。梅梁湖优势种为微囊藻和啮蚀隐藻，亚优势种为小环藻。梅梁湖浮游植物种群数达 3.55×10^8 个细胞/L，属富营养型，梅梁湖是整个湖区富营养化程度最高的区域，因为该区域承接城市大量污水，相对封闭，水流慢，加上夏季盛行东南风，污染物不易稀释，导致浮游植物大量繁殖。湖岸区的含藻量高于湖心区，为 4.73×10^8 个细胞/L，达到富营养化水平。湖心区含藻量为各区最低，仅为 2.12×10^8 个细胞/L，属于中富营养化水平，这说明太湖水体具有一定的自净能力。2008~2010 年，太湖藻类生物量有所降低，逐步由整个湖区均较高演变为北部、西部及梅梁湖区藻类生物量较高。2008~2010 年太湖水体藻类生物量的空间变化特征如文后彩图 20 所示。

到 2015 年，通过调查采集到 122 种浮游植物，主要有绿藻 57 种、硅藻 30 种、蓝藻 15 种。蓝藻中的微囊藻仍然是太湖的主要优势种群。硅藻中的小环藻在部分时段也会成为太湖浮游植物的优势种群。不同湖区的浮游植物多样性指数与往年类似，东太湖及东部沿岸区等草型湖区的多样性指数明显高于其他湖区。

5.6.2.2 太湖富营养化形势的历史演变情况

太湖的富营养化已持续约 60 年，由 20 世纪 60 年代贫营养状态变为 1981 年中营养状态，20 世纪 80 年代后期北部的梅梁湾开始频繁暴发蓝藻水华。进入 21 世纪，太湖由中度富营养状态改善至微轻度富营养（Chen Yuwei，2003）。2007 年中度富营养及富营养化面积占 75% 以上，夏季西北部重富营养水域约占全湖面积的 10%。从

2000 年到 2007 年，在近 10 年中，太湖富营养化程度已上升了 1.5～2 个等级。由富营养化而引发的藻类暴发时间增长，已由原来的夏季扩展到现在的春、夏和秋三季。藻华暴发的区域不断扩大，已由原来的梅梁湖等局部湖湾扩展到湖心的大部分。藻类优势种也由原来的蓝藻转变为绿藻。同时，东太湖、洮湖和滆湖等湖泊的沼泽化也较严重，有的已成草型湖泊，湖泊水生态系统退化严重。

按照《湖泊（水库）富营养化评价方法及分级技术规定》，采用综合营养状况指数评价，结果表明：2003 年，太湖总体处于中度富营养化状态，综合营养状态指数平均值为 58.28；2004～2007 年，太湖总体均处于中度富营养化状态，综合营养状态指数平均值分别为 61.16、61.78、63.19 和 61.69。2007 年太湖受 TN 污染影响，总体水质劣 V 类，除湖心区水质为 V 类外，其余湖区水质均劣 V 类。其中，西部沿岸区和梅梁湖水域污染最严重，综合污染指数分别高达 9.03 和 8.52；其次为梅梁湖，综合污染指数为 7.29，湖心区和东部沿岸区水质相对较好。太湖湖体水质呈波动变化。2003～2006 年，富营养化指数呈上升趋势，太湖全湖由轻度富营养化变为中度富营养化；2006 年后，富营养化指数又逐年下降，水质呈好转趋势，这主要是太湖流域实施了严格的排污标准，又进行了生态恢复工程，这些措施发挥了重要作用，使太湖水质转好。

太湖总体富营养化有所好转，但藻华风险依然严峻。2008 年前太湖流域总体为中度富营养状态，2009 年后太湖水质有所好转，太湖总体为轻度富营养状态。近年来，太湖蓝藻水华以"小面积区域性聚集"为主，根据 4～10 月蓝藻预警监测期间，2010 年太湖西部沿岸区是蓝藻水华高发区，2012 年蓝藻水华仍多发于西部沿岸区，较 2012 年，2013 年藻华发生面积分别下降了 55.4％和 30.6％，主要发生在西部沿岸、竺山湖和湖心区。2014 年藻华发生次数较 2013 年减少了 13 次，但最大发生面积和平均发生面积上升了 35.9％和 54.3％。2015 年，蓝藻水华发生次数有所增加，最大面积和平均面积分别上升了 86％和 46.5％。

太湖富营养化与藻华发生的多年变化如表 5-15 所列。

表 5-15 太湖富营养化与藻华发生的多年变化

年份	富营养指数	水华现象/次	最大发生面积（比较上一年）	平均发生面积变化（比较上一年）	主要发生区域	营养状态
2003	58.28	—	—	—	湖心区和东部沿岸区	中富
2004	61.16	—	—	—	湖心区和东部沿岸区	中富
2005	61.78	—	—	—	湖心区和东部沿岸区	中富
2006	63.19	—	—	—	中东部沿岸区	中富
2007	61.69	—	—	—	梅梁湖、贡湖。竺山湖和太湖西部	中富
2008	—	104	—	—	西部沿岸、梅梁湖东部	中富
2010	58.5	78	减少	—	西部沿岸	轻富
2011	58.5	82	下降 35.3%	下降 27.7%		轻富
2012	56.5	85	下降 21.7%	下降 21.7%	西部沿岸、竺山湖、梅梁湖	轻富
2013	57.6	94	下降 55.4%	下降 30.6%	西部沿岸、竺山湖、湖心	轻富
2014	55.8	81	上升 35.9%	上升 54.3%	—	轻富
2015	56.1	91	上升 86.0%	上升 46.5%	—	轻富

从历史上来看，太湖水质的不断下降导致太湖水体已经处于中富营养化水平，近年来，改善为轻度富营养水平。但太湖蓝藻水华发生频次在增加，发生范围也从北部湖区扩到梅梁湖、竺山湖、西部沿岸区、南部沿岸区等湖区，时间跨度在延长、分布范围在扩大，影响程度也在不断增加（文后彩图 21）。

5.6.3 太湖水生高等植物的历史演变与现状

过去几十年，太湖的水生植物经历了巨变，20 世纪 50～60 年代太湖有水生植物 66 种，可占湖面积 90%，其中沉水植物优势种为马来眼子菜（*Potamogeton malaianus*）（太湖综合调查初步报告，1965年）。到 20 世纪 70 年代，五里湖已无天然植被，部分沿岸带水生植被萎缩；进入 90 年代，原在竺山湖生长茂盛的水生植物亦近灭绝。

1985 年太湖围网养殖刚开始，沉水植被以马来眼子菜、微齿眼子菜、菹草等眼子菜属植物为主，由于水质尚好，苦草的生物量和分布面积也较大，菹草在梅梁湾呈单优种分布。伊乐藻自 1986 年被引入太湖，逐渐成为东太湖的主要优势种。1995 年，洞天湖围网养殖规模迅速增大，人为干预下耐污染的微齿眼子菜大量生长（王琪，2016；陈立侨，2003）。近几年的调查表明，太湖主体湖区分布有水生植物 47 种，隶属于 39 科 39 属。围垦、引种、收割和养殖等类活动导致太湖水生植物退化，湖滩地大大减少，湖泊向藻型化演变（钱奎梅，2008）。

1959～2015 年，太湖沉水植物生物量呈现波动变化趋势，1993 年沉水植物生物量最大，达到 12101g/m²，较 1959 年增长了 23 倍；1997 年沉水植物生物量较 1993 年下降 29.34%；2002～2009 年沉水植物生物量相对稳定。多年来，沉水植物优势物种及生物量占比变化较大，除若干年份外，苦草均为太湖沉水植物优势物种，马来眼子菜、黑藻、浮叶植物、菱草、芦苇及微齿眼子菜在优势物种和一般物种间变换。近年来太湖藻华频发，水体透明度严重下降，西太湖沉水植物完全消失，太湖沉水植被优势种以耐污性较强的眼子菜为主，而伊乐藻逐渐占据整个太湖养殖区。如表 5-16 所列。

表 5-16 太湖优势物种的时间序列上的演替特征、
沉水植物覆盖度及生物量比重变化

年份	主要植物种类的替代过程	沉水植物生物量 /(g/m²)	沉水植物生物量比例 /%
1959	马来眼子菜＋苦菜＋黑藻＋芦苇	504	—
1980	苦草＋马来眼子菜＋ 微齿眼子菜＋菱草＋芦苇	3656	19.9
1986	苦草＋马来眼子菜＋沼针蔺＋ 微齿眼子菜＋菱草＋芦苇	5926	43.6
1993	苦草＋马来眼子菜＋微齿眼子菜＋ 浮叶植物＋菱草＋芦苇	12101	48.9
1997	微齿眼子菜＋浮叶植物＋菱草＋芦苇	8550	44

续表

年份	主要植物种类的替代过程	沉水植物生物量/(g/m²)	沉水植物生物量比例/%
2002	伊乐藻＋金鱼藻＋菹草＋荇菜＋微齿眼子菜＋苦草	4052	75.3
2003	微齿眼子菜＋轮叶黑藻＋苦草＋伊乐藻	2306	67.3
2004	伊乐藻＋轮叶黑藻＋苦草＋金鱼藻	2516	75.2
2007	苦草＋轮叶黑藻＋马来眼子菜＋金鱼藻	2782	86.2
2008～2009	马来眼子菜＋轮叶黑藻＋苦草＋微齿眼子菜	5190	73.2
2013～2015	芦苇＋马来眼子菜＋黄花荇菜＋菹草＋苦草	—	—

注：1959～2009 年太湖蓝藻水华分布情况参考《太湖流域水污染及富营养化综合控制研究》；2013～2015 年数据资料来自《太湖健康状况报告》。

太湖水生植物空间分布的历史变化特征如文后彩图 22 所示。太湖水生植被主要分布在东部，沿贡湖北岸向东和向南，水草分布呈北疏南密的特点；硬质底质着生。沉水植物优势种群为竹叶眼子菜。贡湖北岸，水生高等植物覆盖率约为 1%～10%，以芦苇和菹草为主，而贡山至虞河口一线以东，水生高等植物植被发育较成熟，水草覆盖率在 40% 以上，其中 70% 面积覆盖率高达 90% 以上。东太湖水生高等植物分布还有向湖心蔓延的趋势。东菱咀西部到泽山以南以及洞庭东山南部水域，该水域的水草覆盖度为 5%～90%，水草覆盖率由西向东逐渐增大，优势种为竹叶眼子菜，局部湖区为轮叶黑藻。西部及北部湖区的沿岸带主要以芦苇占优势的挺水植物为主，另外，还伴生竹叶眼子菜、苦草、微齿眼子菜及狐尾藻等沉水植物和荇菜与二角菱等浮叶植物。总体上，优势水生植物中挺水植物为芦苇和菰，浮叶植物为荇菜，沉水植物为竹叶眼子菜、黑藻和苦草。沉水和浮叶植物优势种主要分布于东太湖苏州市行政管辖区域，芦苇和菰主要分布于东太湖和贡湖（余辉，2014）。近年来，太湖水生植物种类组成未发生明显变化，常见种主要有芦苇、马来眼子菜、黄花荇菜、菹草和苦草等。2011 年太湖各湖区基本都有挺水植物分布，芦苇是绝对的优势物种。胥湖及东西山之间水域沉水植物最丰富，东太湖、贡湖南侧和南部沿岸区东段也有较多的沉水植物分布，优势种为马来眼子菜和荇菜。2012 年，太湖各湖区基本有挺水植物分布，芦苇是绝对优势种。胥湖及东西山之间水域沉水植物最丰富，东太湖、贡湖南侧和南部沿岸区东段也有较多的沉水植物分布，优势种为马来眼子菜和荇菜。2013～2015年太湖水生植物分布未发生明显变化，挺水植物主要分布在太湖大堤沿岸，沉水和浮叶植物主要分布在东部沿岸区、东太湖、南部沿岸区和湖心区东南部及贡湖南部。与前几年比，东部沿岸区和东太湖的水生植物收割力度明显加强（太湖流域管理局，太湖健康状况报告）。

太湖主湖区近60年来水生植物的分布面积不断缩小，生物量有增加的趋势。从20世纪80年代起，东太湖湖体挺水植物的比重不断缩小，所有类群水生植物的分布面积有下降之势；东太湖沉水植物生物量的比重在所有类群的植被中不断增大。

东太湖各生活型水生植物生物量与分布面积的历史变化如图5-32所示。

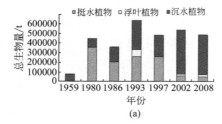 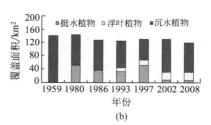

图5-32　东太湖各生活型水生植物生物量与分布面积的历史变化
（参考《太湖流域水污染及富营养化综合控制研究》）

太湖主湖区生态系统存在的主要问题有：

a. 北部湖区水体富营养化恶化，有全湖化趋势；b. 底质淤积面积不断扩大，内源释放不可小视；c. 北部湖区蓝藻水华根深蒂固，挺水植物和湖滨带退化严重；d. 北部湖区沉水植被衰退极为严重，北部大部分湖区已成次生裸地；e. 生态系统各类群物种多样性不断下降，系统稳定性降低。

5.6.4　太湖渔业历史演变与现状

太湖鱼类结构变化与太湖自然环境变化和人类活动紧密相关。倪勇等总结了前人对太湖鱼类的调查研究（倪勇，2005），共得到太湖地区鱼类107种，分别隶于14目25科73属，其中鲤形目种类最多，占总数60.7％。以鲤科鱼类为主体，这是太湖鱼类区系组成的主要特点，也是东亚淡水鱼类区系组成的共同特点。2007年，太湖鱼类调查采集到鱼类57种，种类明显减少（何俊，2011）。2009～2010年在太湖区域共捕获鱼类50种，隶属于10目15科40属，鲤形目种类最多，占总数68％（毛志刚，2011）。近几十年来，太湖沿江沿湖大量兴建闸坝，太湖洄游性鱼类几近消失（王利民，2005），围湖造田和工农业污染，造成了沿岸带水生植被破坏，沿岸带产卵的定居性鱼类减少，渔业资源过度捕捞。近年来"引江济太"工程一定程度上沟通和加强了江湖之间的联系，消失多年的洄游性鱼类——鱽出现，随着围湖养殖业发展，原先在太湖中没有记录的鲮鱼、露斯塔野鲮和胡鲶等形成一定数量的种群（毛志刚，2011）。2013、2014年李其芳等对太湖流域鱼类调查，共采集到46种，隶属于8目、14科，鲤科鱼类为主，占全部物种数的57％。鲫、似鳊和麦穗鱼属流域内常见的物种。不同水系间鱼类物种多样性差异较大，沿江水系和洮滆水系的鱼类多样性偏低，黄浦江水系居中，而南河水系和苕溪水系偏高（李其芳，2016）。

鱽（*Elopichthys bambusa*）、鳜等凶猛性的肉食性鱼类，以及青鱼（*Myloparyngodon piceus*）、花（鱼骨）等鱼类对动植物食物都能吞食，为典型的杂食性鱼类，占总数的30.0％；草食性鱼类和碎屑食则分别占14.0％和4.0％。其中太湖各湖区不同食性鱼类的群落组成存在差异，东部湖区肉食性和草食性鱼类的种类数均高于北部湖区和湖心区，肉食性鱼类比例在各湖区均最高（毛志刚，2011）。

2004年太湖主要经济鱼类有鲚鱼、银、鲤鱼、红白鲌鱼、青鱼、草鱼、鲢鱼、鳙鱼、团头鲂、花鲹、乌鳢、鲶鱼、鳜鱼、塘鳢鱼和似齿鳊等20余种。太湖年均鱼产量超过$1×10^4$t。1975～1983年是太湖鱼产量上升阶段，平均年产量达$1.2×10^4$t，湖鲚的产量达到太湖总产量的47.1％～63.1％。大型经济鱼类鲢鱼、鳙鱼、青鱼、草鱼和鳊鱼的产量偏低，仅占16％，为资源低谷。湖鲚的年产量维持在6000～7000t，银鱼的年产量也维持在800～900t，甚至超过1000t。1983～1994年，是太湖鱼产量再次稳定增长阶段。太湖的平均年产

量在 $1.5×10^4$ t。湖鲚产量达到太湖总鱼产量的 33.5％～54.7％，比例较 20 世纪 70 年代略有下降。1994～2000 年是太湖鱼产量的又一个发展阶段。太湖年平均亩产量达 7kg，不包括养殖鱼类产量，湖鲚的产量还是维持在总渔产量百分比较高的水平，太湖近年来鲫鱼产量不断增加的主要原因是：富营养化加重为鲫鱼提供了充足饵料；捕食鲫鱼的肉食性鱼类数量较少；禁渔期、禁渔区等措施的实施使其繁殖得到保障。在鲤、鲫鱼产量中，鲤鱼占 34.92％±15.47％，鲫鱼占 65.08％±15.47％。而食性分析证明，鲫鱼是以微囊藻为主要食物。随着太湖富营养化程度的不断加重，经常的蓝藻水华暴发为鲫鱼提供了最容易得到的食物来源。此外，太湖鲤和鲫鱼产量的增加和 COD 的不断升高基本一致。太湖的主要肉食性鱼类是翘嘴鲌和蒙古鲌，其产量合并统计为鲴鱼。而近年来太湖鲌鱼产量不断降低，仅维持在 100t 左右的捕捞产量。并且，有研究对翘嘴鲌的食性分析表明，食物中并没有鲤、鲫鱼出现。湖泊中摄食鲤、鲫鱼的主要肉食性鱼类是乌鳢和鳜鱼，而在太湖这两种鱼类的数量较少，没有形成可以捕捞的产量。因此，可认为，在太湖能够大量捕食鲤、鲫鱼的肉食性鱼类是很少的，这会使当年鲤及鲫鱼的存活率较高。

鲚鱼渔获量在 1952～2004 年间总体呈上升趋势。从 1952 年的 640.5t、占鱼类总量 15.8％上升到 2004 年的 21221t，占总量的 63.8％。鲚鱼渔获量的变化过程可分为缓慢增长、相对稳定和快速增长 3 个阶段。

① 缓慢增长阶段　1952～1964 年 12 年间，由 640.5t、占鱼类总量 15.8％逐渐增加到 6584.9t、占 62.2％，平均年增 495t。

② 相对稳定阶段　1964～1994 年 30 年间波动在 6175t±1051t，占鱼类总量 49.71％±10.63％。

③ 快速增长阶段　1994～2004 年的 10 年间由 6706.6t、占 46.0％增至 21221t、占 63.8％，平均年增 1451t。

鲢、鳙鱼 1952～2004 年渔获量波动在 1074.8t±427.1t，占鱼类总量的 8.37％±4.36％。其中 1984、1985 两年曾达到近 2000t，此后产量有下降趋势。近年波动在 1088.5t±335.6t 之间，占鱼类总量比例下降为 4.24%±2.04%。比较发现，鲚鱼和鲢、鳙鱼历年产量的变化趋势基本相反。对 1983～2004 年间鲚鱼和鲢、鳙鱼的渔获量进行简单相关、偏相关分析表明，其负相关关系均达到显著水平。

　　1952～2003 年太湖渔业捕捞情况如图 5-33 所示，太湖各鱼类产量的年度变化如图 5-34 所示。

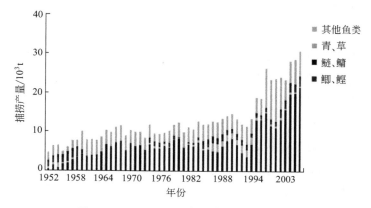

图 5-33　1952～2003 年太湖渔业捕捞情况

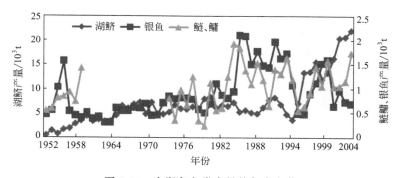

图 5-34　太湖各鱼类产量的年度变化

　　1987～2006 年的统计资料表明，太湖主要鱼类产量和组成均以刀鲚为优势，其次为小杂鱼类，刀鲚产量和在渔获物种的比例从 1987 年的 4791.1t 和 33.6%增加至 2006 年的 21130t 和 60.2%，产量增加了 3 倍多。银鱼产量和在渔获物中的比例整体呈下降趋势，从 1987 年的 1536t 和 10.7%下降至 2006 年的 430t 和 1.2%，产量下降约 72%。鲌产量下降 73.5%，鲢鳙鱼产量有所上升，占比下降，青草鱼产量 1987 年以来总体上升，产量波动不大，鲤鲫鲂产量占总捕捞量近 10%。从太湖渔业整体趋势看，总捕捞量 20 年来增加了 2.5 倍，但是鱼类结构整体呈现小型化和低值化特征。

2006～2015 年，太湖渔获物总捕捞量为 35085～56123t。2006～2008 年太湖年捕捞量持续下降，从 35085t 下降至 31595t，2008 年由于雨雪、冰冻等不利因素的影响，捕捞产量骤减，达到最低点。2009～2015 年太湖渔业产量呈不断上升趋势，从 42538t 增长至 56123t。其中湖鲚、银鱼等小型鱼类 2006～2012 年产量总体呈稳定趋势，在 21000t 上下波动。自 2012 年起捕捞产量呈显著上升趋势，增幅为 31.8%。而作为太湖最主要的经济鱼类的鲢鳙等中大型鱼类比重较低，渔业资源呈现小型化和物种单一化趋势，生物多样性下降。同时，由于鲢鳙在太湖无法自然繁殖，是太湖渔业资源增殖放流的主要对象。

2006 年和 2015 年太湖捕捞渔获物组成对比如图 5-35 所示。

由图 5-35 可知，湖鲚是太湖产量最高的品种，占渔获物 50% 以上；鲢鳙鱼占比次之。鲤鲫是太湖土著鱼类，约占 5%，其次是青白虾、河蚬、杂鱼等。从 2006 年到 2015 年湖鲚捕捞量明显降低，白虾产量下降，鲢鳙产量快速增长，相比 2006 年，2015 年鱼类种群结构趋于合理（陈卫东等，2017）。

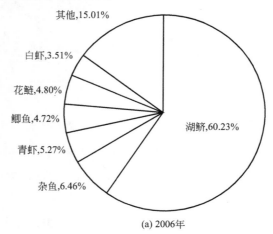

(a) 2006年

(b) 2015年

图 5-35　2006 年和 2015 年太湖捕捞渔获物组成对比

参考文献

[1] 金相灿，屠清瑛. 湖泊富营养化调查规范（第二版）. 北京： 中国环境科学出版社， 1990.

[2] 秦伯强，罗潋葱. 太湖生态环境演化及其原因分析. 第四世纪研究， 2004, 24（5）：561-568.

[3] 余辉， 张文斌， 余建平. 洪泽湖表层沉积物重金属分布特征及其风险评价. 环境科学, 2011, 32（2）： 437-444.

[4] 杨苏文， 等. 滇池、 洱海浮游动植物环境图谱. 北京： 科学出版社， 2015.

[5] 张雷， 秦延文， 郑丙辉， 等. 丹江口水库迁建区土壤重金属分布及污染评价. 环境科学， 2013, 34（1）： 108-115.

[6] 张婷， 刘静玲， 王雪梅. 白洋淀水质时空变化及影响因子评价与分析. 环境科学学报， 2010, 30（2）： 261-267.

[7] 云南大理白族自治州. 洱海保护治理与流域生态建设"十三五" 规划（2016—2020年）， 2016.

[8] 金斌松，聂明，李琴，等. 鄱阳湖流域基本特征、 面临挑战和关键科学问题. 长江流域资源与环境， 2012, 21（3）：268-275.

[9] 黄代中，万群，李利强,等. 洞庭湖近 20 年水质与富营养化状态变化. 环境科学研究， 2013, 26（1）：27-33.

[10] 叶正伟， 李宗花. 1951年来洪泽湖流域面雨量变化特征与趋势分析. 长江流域资源与环境, 2010, 19（12）: 1392-1396.

[11] 任艳芹， 陈开宁. 巢湖沉水植物现状（2010 年） 及其与环境因子的关系. 湖泊科学， 2011, 23（3）：409-416.

[12] 叶建春，章杭惠. 太湖流域洪水风险管理实践与思考. 水利水电科技进展, 2015, 35（5）：136-141.

[13] 秦伯强， 胡维平， 陈伟民， 等. 太湖水环境演化过程与机理. 北京： 科学出版社， 2004.

[14] 高永年， 高俊峰. 太湖流域水生态功能分区. 地理研究， 2010, 29（1）：111-117.

[15] 徐昔保，杨桂山， 李恒鹏. 太湖流域土地利用变化对净初级生产力的影响. 资源科学， 2011， 33（10）：1940-1947.

[16] 莫李娟， 石亚东， 徐枫. 太湖流域地下水利用与保护对策. 中国水运， 2013, 13（11）：287-288.

[17] 成新， 黄卫良， 江溢， 等. 太湖流域地下水问题与对策. 水资源保护， 2003, 4：

1-4.

[18] 胡建平，吴士良．苏锡常城市群地区地下水环境问题．水文地质工程地质，1998，4：5-7.

[19] 孙小祥，杨桂山，欧维新，等．太湖流域耕地变化及其对生态服务功能影响研究．自然资源学报，2014，29（10）：1675-1685.

[20] 潘佩佩，杨桂山，苏伟忠，等．太湖流域土地利用变化对耕地生产力的影响研究．2015，35（8）：990-998.

[21] 袁洪州，周航，张陆军，等．太湖流域平原河网地区容易发生水土流失区域初探．水利规划与设计，2013，12：25-29.

[22] "十一五"国家水专项太湖子课题．太湖流域环境综合调查与水污染特征及趋势研究 2008ZX07101-001-01.

[23] 余辉，等．太湖流域水污染及富营养化综合控制研究．北京：科学出版社，2014.

[24] 浙江省统计年鉴，2008，2009，2010，2011，2012，2013，2014，2015.

[25] 青浦区统计年鉴，2008，2009，2010，2011，2012，2013，2014，2015.

[26] 镇江市统计年鉴，2008，2009，2010，2011，2012，2013，2014，2015.

[27] 南京市统计年鉴，2008，2009，2010，2011，2012，2013，2014，2015.

[28] 无锡市统计年鉴，2008，2009，2010，2011，2012，2013，2014，2015.

[29] 常州市统计年鉴，2008，2009，2010，2011，2012，2013，2014，2015.

[30] 苏州市统计年鉴，2008，2009，2010，2011，2012，2013，2014，2015.

[31] 杭州市统计年鉴，2008，2009，2010，2011，2012，2013，2014，2015.

[32] 嘉兴市统计年鉴，2008，2009，2010，2011，2012，2013，2014，2015.

[33] 湖州市统计年鉴，2008，2009，2010，2011，2012，2013，2014，2015.

[34] 江苏省环境科学研究院．《江苏省太湖流域水环境综合治理实施方案》．2009.

[35] 中国环境规划院．《全国水环境容量核定技术指南》，2013年9月.

[36] 第一次全国污染源普查资料编纂委员会．《污染源普查产排污系数手册》．2011年9月.

[37] 许妍，高俊峰，高永年，等．太湖流域生态系统健康的空间分异及其动态转移．资源科学，2011，33（2）：201-209.

[38] 黄琪，高俊峰，张艳会，等．长江中下游四大淡水湖生态系统完整性评价．生态学报，2016，26（1）：118-216.

[39] 崔广柏，陈星，余钟波．太湖流域富营养化控制机理研究．中国科技论文，2007，2（6）：424-429.

[40] 陆建忠，崔肖林，陈晓玲．基于综合指数法的鄱阳湖流域水资源安全评价研究．长江流域资源与环境，2015，24（2）：212-218.

[41] 吴甫成，邓学建，吕焕哲，彭世良，邹君．洞庭湖退耕环湖区水质监测与分

析，水土保持学报，2003，1：134-136.

[42] 李金良，郑小贤．北京地区水源涵养林健康指标体系的探讨 ［J］．林业资源管理，2004，2（1）：32-34.

[43] 鲁绍伟．北京市八达岭林场森林生态系统健康性评价．水土保持学报，2006，20（3）：79-82.

[44] 惠刚盈，克劳斯·冯佳多，胡艳波．结构化森林经营．北京：中国林业出版社，2007：26-42.

[45] 惠刚盈，克劳斯·冯佳多．德国现代森林经营技术．北京：中国科学技术出版社，2001：119-134.

[46] 李建军，张会儒，熊志祥，等．水源涵养林健康评价指标系统的结构解析．中南林业科技大学学报，2014，34（7）：19-26.

[47] 吕文，杨桂山，万荣荣．太湖流域近25年土地利用变化对生态耗水时空格局的影响．长江流域资源与环境，2016，25（3）：445-452.

[48] 李建军，张会儒，刘帅，等．给予改进PSO的洞庭湖水域涵养林空间优化模型．生态学报，2013，33（13）：4031-4040.

[49] Correll D. L. Principles of planning and establishment of buffer zones. Ecological Engineering, 2005, 24 (5) : 433-439.

[50] 成小英，卜卫志，张明，等，太湖湖滨带的缓冲效果．环境工程学报，2013，7（10）：3813-3820.

[51] 甘树，卢少勇，秦普丰，等，太湖西岸湖滨带沉积物氮磷有机质分布及评价．环境科学，2012. 33,（9）：3064-3069.

[52] 叶春，李春华，邓婷婷．论湖滨带的结构与生态功能．环境科学研究，2015.

[53] 孙顺才，黄漪平．太湖．北京：海洋出版社，1993：3-9.

[54] 叶春，李春华，陈小刚，等．太湖湖滨带类型划分及生态修复模式研究，湖泊科学，2012，24（6）：822-828.

[55] 叶春．退化湖滨带水生植物恢复技术及工程示范研究．上海：上海交通大学，2007.

[56] 李春华，叶春，赵晓峰，等．太湖湖滨带生态系统健康评价．生态学报，2012，32（12）：3086-3815.

[57] 包先明，晁建颖，尹洪斌．太湖流域漏湖底泥重金属赋存特征及其生物有效性．湖泊科学，2016，28（5）：1010-1017.

[58] 焦伟，卢少勇，李光德，等．滇池湖滨带沉积物重金属形态特征及生态风险研究．安全与环境学报，2010，10（5）：93-97.

[59] Qin B Q, Xu P, Wu Q, et al. Environmental issues of lake Taihu, China. Hydrobiologia, 2007, 581: 3-14.

［60］ Chen Y, Qin B Q, Teubner K, et al. Long-term dynamics of phytoplankton assemblages: Microcystis-domination in Lake Taihu, a large shallow lake in China. J Plankton Res, 2003, 25: 445-453.

［61］ Zhang Y, Lin S, Qian X, et al. Temportal and spatial variability of chlorophyll a concerntration in Lake Taihu using MOIDS time-series data. Hydrobiologia, 2011, 661: 235-251.

［62］ 吴雅丽, 许海, 杨桂军, 等. 太湖水体氮素污染状况研究进展. 湖泊科学, 2014, 26（1）: 19-28.

［63］ 李文朝. 浅水湖泊生态系统的多稳态 理论及其应用. 湖泊科学, 1997. 9（2）: 97-104.

［64］ 卢少勇, 焦伟, 王强, 等. 太湖河流水质时空分布特征. 环境科学研究, 2011, 24（11）: 1220-1225.

［65］ 王强, 卢少勇, 黄国忠, 等. 14条环太湖河流水质与茭草、水花生氮磷含量. 农业环境科学学报, 2012, 31（6）: 1189-1194.

［66］ 韩梅, 周小平, 程媛华, 等. 环太湖主要河流氮素组成特征及来源. 环境科学研究, 2014, 27（12）: 1450-1457.

［67］ 郑丙辉, 王丽婧, 龚斌. 三峡水库上游河流入库面源污染负荷研究. 环境科学研究, 2009, 22（2）: 125-132.

［68］ 牛勇. 太湖入湖河流污染特征及面源污染负荷研究. 武汉: 华中农业大学. 2013.

［69］ 陈雷, 远野, 卢少勇, 等. 环太湖主要河流入出湖口表层沉积物污染特征研究. 中国农学通报, 2011, 27（1）: 294-299.

［70］ 卢少勇, 远野, 金相灿, 等. 7条环太湖河流沉积物氮含量沿程分布规律. 环境科学, 2012, 33（5）: 1497-1502.

［71］ Singh K P, Mohan D, Singh V K, et al. Studies on distribution and fractionation of heavymetals in Gomti river sediments atributary of the Ganges, India. Journal of Hydrology, 2005, 312: 14-27.

［72］ 焦伟, 卢少勇, 李光德, 等. 环太湖主要进出河流重金属污染及其生态风险评价. 应用于环境生物学报, 2010, 16（4）: 577-580.

［73］ 卢少勇, 焦伟, 金相灿, 等. 环太湖主要河流重金属污染及其稳定度分析. 环境科学, 2010, 31（10）: 2311-2314.

［74］ 张萌, 倪乐意, 曹特, 等. 太湖上游水环境对植物分布格局的影响机制. 环境科学与技术, 2009, 33（3）: 171-178.

［75］ 陈小华, 李小平, 程曦, 等. 太湖流域典型中小型湖泊富营养化演变分析（1991—2010年）. 湖泊科学, 2013, 25（6）: 846-853.

［76］ 徐泽新, 张敏. 太湖流域湖荡湿地沉积物砷汞的空间分布及污染评价. 长江流域资源与环境, 2013, 22（5）: 626-632.

［77］ Chen Lijing, Liu Qiao, Peng Ziran, et al. Rotifer community structure and assessment of water quality in Yangcheng Lake. Chinese Journal of Oceanology & Limnology, 2012, 30（1）: 47-58.

［78］ Chen Liping, Zhang Ying, Liu Qigen, et al. Spatial variations ofmacrozoobenthos and sediment nutrients in Lake Yangcheng: emphasis on effect of pen culture of Chinese mitten crab. Journal of Environmental Sciences, 2015, 37（11）: 118-129.

［79］ 蒋豫, 吴召仕, 赵中华, 等. 阳澄湖表层沉积物中氮磷及重金属的空寂分布特征及污染评价. 环境科学研究, 2016, 29（11）: 1590-1599.

［80］ 朱林, 汪院生, 邓建才, 等. 长荡湖表层成绩物种营养盐空间分布与污染特征. 水资源保护, 2015, 31（6）: 135-140.

［81］ 吴艳宏, 蒋雪中, 刘恩峰, 等. 太湖流域东汕、西汕近百年汞的富集特征. 地球科学, 2008. 38（4）: 471-476.

［82］ 马英国, 万国江. 湖泊沉积物-水界面微量重金属扩散作用及其水质影响研究. 环境科学, 1999, 20（2）: 7-11.

［83］ Jiang X, Wang W W, Wang S H, et al. Initial identification of heavy metals contamination in Taihu Lake, a eutrophic lake in China. Journal of Environmental Sciences, 2012, 24（9）: 1539-1548.

［84］ 王书航, 王雯雯, 姜霞, 等. 蠡湖沉积物重金属形态及稳定性研究. 环境科学, 2013, 34（9）: 3561-3571.

［85］ 严国安, 马剑敏, 邱东茹, 等. 武汉东湖水生植物群落演替的研究, 竹屋生态学报, 1997, 21（4）: 319-327.

［86］ 姚东瑞. 滆湖水环境现状对常州城市自然生态系统的影响及对策分析. 滆湖渔业科学发展文集. 2005: 18-24.

［87］ Allen R G, Perreira L S, Raes D, et al. Crop evapotranspiration. Guidelines for computing crop water requirements, FAO Irrigation and Drainage Paper 56. FAO, Rome, 1998, 300: 6541.

［88］ 赵杨毅. 缙云山水源涵养林结构对生态功能调控机制研究. 北京: 北京林业大学, 2011.

［89］ 张庆费, 由文辉, 宋永昌. 浙江天童植物群落演替对土壤化学性质的影响. 应用生态学报, 1999, 10（1）: 19-22.

［90］ 毛玉明, 吴初平, 黄玉洁, 等. 钱塘江源头水源林林分结构与功能分析. 浙江林业科技, 2015, 9（5）: 1-5.

［91］ 李华彦, 梅灵. 浅析速生丰产林营造技术. 农业与技术, 2014（12）: 69.

［92］ 钟春妮, 杨桂军, 高映海, 等. 太湖贡湖湾大型浮游动物群落结构的季节变化. 水生态学杂志, 2012, 33（1）: 47-52.

[93] 汪祖茂，蒋丽佳，卢少勇，等.贡湖湾水陆交错带中磷污染现状研究.环境科学与技术，2013, 36（12）: 47-51.

[94] 卢少勇，曲洁婷，许秋瑾，等.贡湖湾北部退渔还湖区水、沉积物和土壤中氮的时空分布.农业环境科学学报，2014, 33（11）: 2234-2241.

[95] 王阳阳.沉水植被恢复对贡湖水源保护区河流污染削减技术研究.上海海洋大学，2011.

[96] 王佩，卢少勇，王殿武，等.太湖湖滨带底泥氮、磷、有机质分布与污染评价.中国环境科学，2012, 32（4）: 703-709.

[97] 潭镇.广东城市湖泊沉积物营养盐垂直变化特征研究.广州：暨南大学，2005.

[98] 秦惠平，焦锋.东太湖缩减围网后的水质分布特征探讨.环境科学与管理，2011, 36（5）: 51-55.

[99] 徐德兰，雷泽湘，韩宝平.大型水生植物对东太湖河湖交汇取矿质元素分布特征的影响.中国生态环境学报，2009, 18（5）: 1644-1648.

[100] 甘树，卢少勇，秦普丰，等.太湖西岸湖滨带沉积物氮磷有机质分布及评价.环境科学，2012, 33（9）: 3064-3069.

[101] Plant H K, Reddy K R, Lemon E. Phosphorus retention capacity of root bed media of sub-surface flow constructed wetlands. Ecological Engineering, 2001, 17（4）: 345-355.

[102] 耿荣妹，胡小贞，许秋瑾，等.太湖东岸湖滨带水生植物特征及影响因素分析.环境科学与技术，2016, 39（12）: 17-22.

[103] 张森霖，卢少勇，陈方鑫，等.贡湖湾退圩环湖区水位高程下植被分布格局与土壤特征.生态学报，2017, 37（13）: 4400-4413.

[104] 林泽新.太湖流域水环境变化及缘由分析.湖泊科学，2002, 14（2）: 111-116.

[105] 毛新伟，徐枫，徐彬，等.太湖水质及富营养化变化趋势分析.水资源保护，2009, 25（1）: 48-51.

[106] 戴秀丽，钱佩琪，叶凉，等.太湖水体氮、磷浓度演变趋势（1985—2015年）.湖泊科学，2016, 28（5）: 935-943.

[107] Chen Yuwei, Fan Chenxin, Teubner K et al. Changes of nutrients and phytoplankton chlorophylla in a large shallow lake, Taihu, China: an 8-year investigation. Hygrobiologia, 2003, 506/509: 273-279.

[108] 中国科学院南京地理研究所.太湖综合调查初步报告.北京：科学出版社，1965.

[109] 王琪，周兴东，罗菊花，等.近30年太湖沉水植物优势种遥感监测及变化分析.水资源保护，2016, 32（5）: 123-129.

[110] 陈立侨，刘影，杨再福，等.太湖生态系统的演变与可持续发展.华东师范大学学报：自然科学版，2003（4）: 99-106.

[111] 钱奎梅，陈宇炜，宋晓兰.太湖浮游植物优势种长期演化和富营养化进程的关系.

生态科学， 2008, 27（2）：65-70.

［112］ 倪勇， 朱德全 . 太湖鱼类志 . 上海： 上海科技出版社， 2005.

［113］ 何俊， 谷孝鸿， 张宪中 . 太湖渔业结构特征及其变化驱动机制研究 . 江苏农业科学， 2011, 39（3）：287-291.

［114］ 毛志刚， 谷孝鸿， 曾庆飞， 等 . 太湖鱼类群落结构及多样性， 生态学杂志， 2011， 30（12）：2836-2842.

［115］ 王利民， 胡慧建， 王丁 . 江湖阻隔对涨渡湖区鱼类资源的生态影响 . 长江流域资源与环境， 2005， 14（3）：287-292.

［116］ 李其芳， 严云志， 储玲， 等 . 太湖流域河流鱼类群落的时空分布 . 湖泊科学， 2016, 28（6）：1371-1380.

［117］ 陈卫东, 生楠, 朱法明 . 太湖渔业资源现状及产业发展对策 . 安徽农业科学， 2017, 45（7）：226-228.

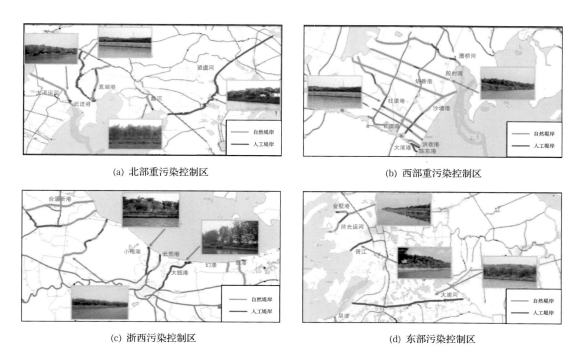

(a) 北部重污染控制区　　　　　　　　　　(b) 西部重污染控制区

(c) 浙西污染控制区　　　　　　　　　　　(d) 东部污染控制区

彩图1　环太湖河流堤岸分布特征

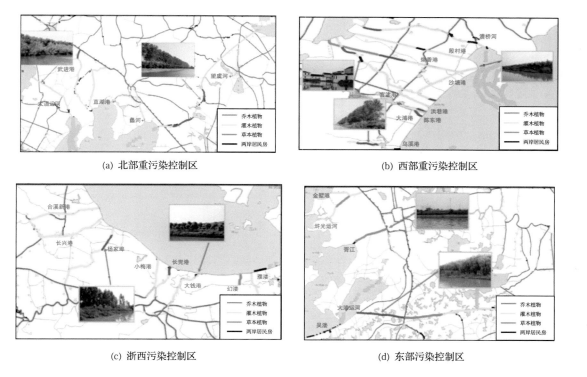

(a) 北部重污染控制区　　　　　　　　　　(b) 西部重污染控制区

(c) 浙西污染控制区　　　　　　　　　　　(d) 东部污染控制区

彩图2　环太湖河河流两岸植被分布

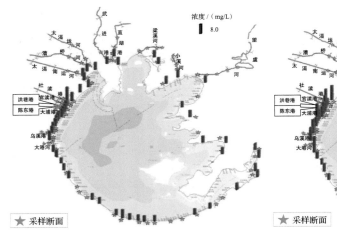

彩图3　环太湖河流COD空间分布

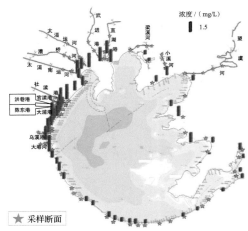

彩图4　环太湖河流NH₄⁺-N空间分布

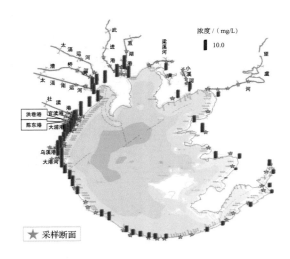

彩图5　环太湖河流TN空间分布

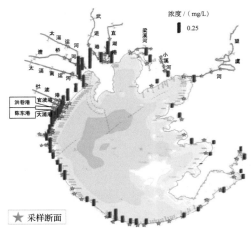

彩图6　环太湖河流TP空间分布

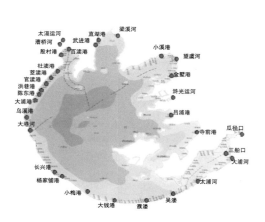

彩图7　环太湖主要河流沉积物取样点位

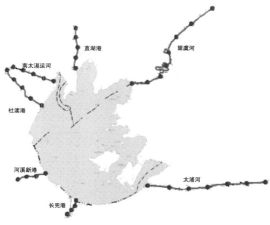

彩图8　环太湖7条重点河流沉积物取样点位

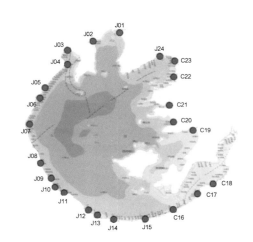

彩图9　2008年10月太湖流域采样点位分布

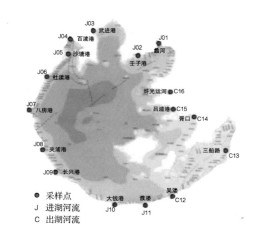

彩图10　2008年11月太湖流域采样点位分布

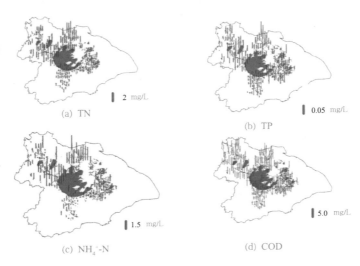

(a) TN   2 mg/L

(b) TP   0.05 mg/L

(c) NH_4^+-N   1.5 mg/L

(d) COD   5.0 mg/L

彩图11 太湖湖荡湿地水质相关关系

彩图12 长荡湖采样点布设

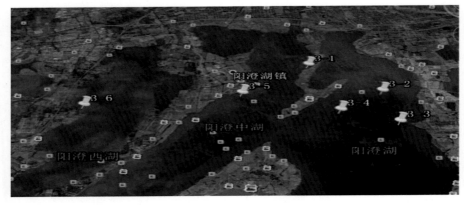

彩图13 阳澄湖采样点布设